光 明 城
LUMINOCITY

U0334473

看见我们的未来

玖章造园 Nine Chapters on Gardening

玖章造园

董豫赣

同济大学出版社
TONGJI UNIVERSITY PRESS

石山壹品

理水两相

林木叁姿

装折肆态

栖居伍论

庭园六议

造园柒记

双园捌法

山居玖式

序

为什么研究
中国园林

1

去年底，在昆明理工的建筑创作论坛上，与周榕再交口锋，这次，是我不克制。

我的讲座开始前，翟辉非要我提前到场，就赶上周榕正在讲的后半场，他正复述西泽立卫头天讲过的一个钢板亭子 *(fig...1)*，西泽说，这亭的一个翘角，原本低矮得难以日常使用，却意外引起孩子们的攀爬欲望。周榕以此为例，对台下一批年长的建筑创作者们，谆谆教诲道——西泽的这个案例，证明你们那个以坚固实用为核心的创作时代已然终结，一个以无用性（或浪费性？）为核心的新时代，已不可阻挡地到来。

fig...1 西泽立卫设计，fukitapavilion

以我薄弱的结构知识推测，西泽这翘角空间，该是一处旨在坚固的结构剩余，它们被孩子们的攀爬使用，用张永和当年的错用理论解释，还较恰当——孩子们也常将楼梯扶手错用为滑梯，但周榕却将这个被错用的翘角空间，视为能撬出一个建筑无用时代的撬点，这得多大的撬力？有这种大力，我猜，从「梁上君子」这个成语，周榕也能从古建筑的梁上剩余空间，撬出中国古建无用论的新意来。

听周榕讲这类翘角预言，我虽感蹊跷，但还不至惊讶，这是他建筑评论的一贯口风，而这次见识他慷慨陈词的态度，才让我诧讶，

几年前，他还在以微叙事视角批判我的宏大叙事，这次他竟神权天授，要代表这个无用的建筑新时代，向台下那些一时的建筑老前辈们道歉，并宣称自己这预言，是为他们未来建筑的创作方向负责。

我以为，即便西泽自己，也不认为他的结构小翘角，会有如此夸张的时代撬力；我还以为，单凭周榕自己，也撬不动建筑那样的时代；我以为，只有离开建筑实践的支点足够遥远，才能借助杠杆遥不可及的长度，将那个小巧的翘角，撬出如此夸张的时代力量；我还以为，我能将这刻薄的杠杆讽刺，压成腹诽，却在随后自己相关中国园林的讲座里，错用成我讲座的开场白，于是，我的讲座才结束，周榕与我的口锋往来，让本来乏味的论坛，怪味横生。

Late in 2015, during the Architectural Design Forum held at the Kunming University of Science and Technology, I argued with Zhou Rong once again. This time, I didn't show any restraint.

Zhai Hui had requested that I arrive at the auditorium before the time of my lecture. My arrival coincided with the second half of Zhou Rong's lecture. Zhou was discussing the pavilion designed by Ryue Nishizawa—the one made of steel plates—which Nishizawa had mentioned in his lecture the previous day *(fig...1)*. Nishizawa noted that one of the pavilion's corners was too low for daily use, but it had unexpectedly attracted visiting children to climb unto it. Zhou used this example to argue to a group of senior architects sitting in the audience that their era, which had been centered on values of solidity and usefulness, had ended, and that a new era celebrating wastefulness was on the rise.

Given my unfamiliarity with the project, I imagined that the corner space of Nishizawa's pavilion was a byproduct of structural reinforcement. The fact that it had become used by children for climbing seemed to be more appropriately explained by the 'misuse-theory' of Yung Ho Chang. For instance, children often misuse staircase handrails as sliding boards. But Zhou somehow took this misused corner space as evidence of 'a new era of architectural uselessness.' Where did Zhou's authoritative reasoning come from? The brazen nature of Zhou's argument prompted me to conjecture how he might reinterpret the Chinese idiom "Liang Shang Jun Zi" ("a gentleman on the beam," or a thief secretly perched above a room), with its emphasis on the leftover space above a beam, as evidence of the uselessness of Chinese ancient architecture.

Listening to Zhou's 'corner-prophecy,' I was puzzled but not totally surprised since it was typical of his architectural criticism. This time, however, the boldness of his grandiose and sweeping statement stunned me. A few years ago, he was still using his own 'micro narrative' position to criticize my 'grand narrative.' This time, he seemed to bestow upon himself a divine right to declare the dawning of a new era of architectural uselessness. By apologizing to those 'outdated' senior architects in the audience for his prophetic claim, he seemed to assume a kind of responsibility over the future direction of their architectural design.

Even Nishizawa himself, I imagined, wouldn't have believed that his small corner could have had the force to open a new era. I also didn't believe that Zhou could really usher in a new architectural era through his own sheer force. I sarcastically thought to myself that only those located far from the fulcrum of architectural practice would ever fantasize about achieving the distance necessary to leverage such a small, delicate corner into the pronouncement of a grand, new architectural age. I initially wanted to suppress my mean 'lever' metaphor and not voice my criticism. Later, however, I inappropriately used it in the opening remarks to my own lecture on the Chinese garden. It was then, right after I finished my lecture, that the quarrel between Zhou and me broke out and created an odd atmosphere at what was otherwise a boring forum.

2

周榕迫不及待地抢过话筒，先不针对我的讲座，却陷入回忆，他说：

「十年前，董豫赣在非常工作室讲过一次中国园林，当时，面对张永和与我的发难，那时的董豫赣，面红耳赤，张口结舌，不知所言。」

这事我记得，当时我刚讲完，周榕亢奋地宣告，他与张永和都认为——所谓的中国园林，不过只是一池臭水，几块乱石，我还记得，当时的张永和，立他身后，面色尴尬，四指握拳，仅以拇指侧张，拇指亢奋的周榕，我一直将张永和这手势，视为他并不伙同周榕这园林判断，我就在被周榕挑起的掌声隙缝间，及时向周榕纠正这一点，但周榕坚持认为，这就是张永和本人的观点。他以快捷的语气总结说：

「我很好奇，这十年间，在董豫赣身上，到底发生过什么奇闻怪事？才让他这次再讲中国园林时，变得如此自信。」

接下来，他开始批评我讲座的内容，我以为，西方的神庙与教堂，都不容别的神祇或人类栖居其上，因此多半是单层建筑，当古罗马人为活人建造多层公寓时，曾以巨柱式外观，模拟神庙的单层神性；相比之下，中国人事死如事生的向生面向，却将印度埋葬舍利的宝塔披檐加梯，改装成身体可登临的多层楼阁式塔；周榕断言我对神庙与教堂的单层猜测纯属荒谬，我就再次在急智与语速上双输，当我在脑海中搜索多层神庙与教堂无果，还在求问周榕为我举出反例时，他对此已毫无兴趣，只鄙夷地断言一定有，就转向我讲座里对西扎的一座单层现代教堂的开窗评价 *(fig...2)*。我当时认为，这座教堂的横向长窗，改观了柯布拉图雷特修道院教堂内横幅窗的身体面向，与柯布将座椅设计成背靠横幅斜剖窗不同 *(fig...3)*，西扎却将座位正常地安置在这条横窗一旁，横幅窗的长度，使得人们在面向祭坛的神圣视觉，很容易同时窥见外部世俗场景。周榕以他留洋的一贯优越感，评价我：

fig...2 西扎，圣母教堂

fig...3 柯布西耶，拉图雷特修道院，主礼拜堂横幅窗

「一看董豫赣就没去过现场，其实这个教堂的横幅窗，现场的感受相当神奇，当你站着的时候，你的确能看见外面一切世俗的世界。可一旦你坐下，你就只能看见蓝天，你再也看不见任何世俗景象。」

这细节，我略有所知，却非我讲座的重点，我当时只想在中国园林的语境下反思它们——柯布或西扎，都将窗外场景分为两种——神圣的天空与世俗的日常，却无力对现代建筑孜孜以求的日常场景，进行更细致的价值判断，计成却将窗外日常场景，进一步微分为佳、俗两类，继而以——佳则收之，俗则屏之，为居景关系制定更细微的建筑指令。

但我忽然失去与他继续交锋的兴趣，在我俩这几个回合间，我每次都听到的旗鼓相当的掌声，让我觉得，这并非讨论专业的合适场合，倒更像取悦观众的娱乐节目，而自从周榕多年前将我对超女节目的娱乐无知，夸张成我将失去讨论建筑与城市的专业资格后，我也很难再将他视为讨论专业的合适对象，我忽然就心平气和了，开始用无聊的低语玩笑，降解我们无趣的高亢语锋。

Zhou couldn't wait to grab the mic, not to refer to my lecture first, he fell back into his memory. He said:

15

10 years ago, Dong Yugan gave a talk about the Chinese garden at the Atelier Feichang Jianzhu. He faced several challenging questions of Yung Ho Chang and me and became flushed, with his mouth wide-open, tongue-tied, and at a complete loss for words.

I also remembered this episode. I had finished my talk, and Zhou excitedly announced that he and Yung Ho Chang both considered the so-called the Chinese garden "a pool of stinky water with a pile of odd rocks." I still remember that Chang was standing behind Zhou, looking embarrassed with his four fingers clutched into a fist, and his thumb pointed at the overly excited Zhou. I always considered Chang's hand gesture an indication of his disagreement with Zhou's understanding of the Chinese garden. Amid the applause triggered by Zhou's comment, I promptly corrected him. Zhou replied by insisting that his view was held by Chang as well, and he concluded in a brisk tone:

I am very curious about what strange things have happened to Dong Yugan during the past decade that make him so confident in talking about the Chinese garden again.

He then began to criticize my lecture's content. In my view, western temples don't allow other deities or human beings to live on top of them and as a consequence, most of them are single-storied buildings. When the Romans built multi-storied buildings for people to live in, these structures took on the appearance of magnificent Orders that evoked the divine nature of the single-storied temple. By comparison, Chinese people treated the deceased as living beings, and by adding eaves and stairs to the Indian stupas and housing Buddhist relics within these forms, they transformed them into multi-storied pagodas. Zhou asserted that my conjecture was totally ridiculous. I therefore lost the debate based both on quick-wittedness and the speed of my response. Since I couldn't remember an example of a multi-storied temple, I asked him for a counter example.

Completely losing interest in this topic, Zhou contemptuously asserted that there must be examples of multi-storied temples, and he proceeded to criticize a comment I had made in my lecture regarding the window form used in a single-storied church designed by Alvaro Siza *(fig...2)*. At the time, I thought that Siza's decision to change the position of the project's horizontal window signified his desire to alter the window's relationship to the human body. The window had originally been designed by Corbusier for use in the chapel of the Convent of La Tourette, and Corbu had placed chairs against it in an effort to create a perceived, oblique sectional cut *(fig...3)*. By contrast, Siza arranged the chairs in a normal way, parallel to the horizontal windows. The length of Siza's horizontal window enables people to easily peek out at the outside secular world while at the same time facing the sacred altar.

Zhou's comments conveyed a sense of superiority rooted in his experiences studying abroad:

Obviously, Dong Yugan has never been to this church. The experience of the horizontal window is quite amazing. When you stand, you can indeed see the outside secular world. But once you sit down, you can only see the blue sky rather than anything secular.

I know a little about this detail but it was not an important issue in my lecture. My concern was only about how to think of it within the context of the Chinese garden. Both Corbu and Siza categorized the scenes outside the window into two types: the holy sky and a secular daily life. But they were unable to reach a more nuanced value judgment about the daily scenes of life that modern architecture diligently pursued. Ji Cheng instead divided the scenes outside the window into two types: the excellent and the vulgar. Furthermore, he developed a more precise design strategy in terms of the living-viewing relationship—i.e., to allow the excellent scenes and block the vulgar ones.

At that moment, I suddenly lost my interest in continuing to fight with Zhou. During several rounds of our debate, I heard equal applause for each of us. It led me to feel that it was not a suitable occasion for a professional exchange. The proceedings felt more like entertainment designed to please the audience. For years, Zhou overstated my ignorance about "Super Girl" (a TV show in China) as evidence of my lack of qualifications for discussing architecture and city, and long ago I realized that it was inappropriate to partner with him in a discussion about the discipline. I promptly calmed down and started to crack silly jokes in a low and measured tone to temper our frantic conversation.

3

在非常建筑工作室那次讲座受挫后，与我熟悉的几位非常成员，请我吃饭，以示安慰。我表达了我的困惑，周榕当时才被我引荐过去不久，作为非常工作室的主持之一，他邀我去讲中国园林，却用两种证据证明中国园林的不值研究：他当场表演了他可以接力背诵唐诗宋词的能力，特意声明这是他九岁前学会的背诵，以断言他在九岁时，就得出了中国园林无非臭池乱石的本质判断；他又以徐霞客般的侠气，建议我多去看阿尔卑斯山那类真山大水，他以波澜壮阔的语气赞美它，以此断定，我之所以迷恋中国园林的假山臭水，只因没机会去游逛欧洲真山大水。

但这两条，都还不至于让我当时张口结舌：我并不信任九岁儿童对诗歌或园林的理解力，哪怕这儿童是神童；我也不至于被阿尔卑斯山的游词吓住，造园与导游专业的区别是——造园者旨在从真山水里学习人造山水技能，导游无需建造，才能以厚此非彼招徕游客，周榕的厚薄，像极了苏州导游与九寨沟导游间的争论，或许还杂有洋导游对土游客的自豪。

我当时被他逼成——面红耳赤，张口结舌，不知所言——的仓皇，一点不假，我哪料到，专门请我讲中国园林的人，却是一个断定中国园林不值研究的人。非常工作室的几位同行，试图为我解惑——非常正接手一个相关中国园林的项目，本指望我的讲座，能帮到这个项目的实际展开，而我的讲座，似乎无助于项目的推进，才让周榕失望。这些善良的同行，以谴责周榕的急功近利来宽慰我，但这功利，倒是我学习园林的一直目标，我一直希望我的园林研究，能直接指导我的实践，但在那个初学时刻，连我自己也觉此事遥不可图。

那次仓皇经历之后，我很少再去非常工作室，之后听说，周榕离开了非常，之后也偶遇过周榕几次，他多半的寒暄口吻都是：你还在做你那些什么什么吧，我最近的新兴趣又转向什么什么的。一年前遇见他，他说他正在感兴趣「在地建筑」，我并非建筑的旁观爱好者，遂对他这些年快速折返的兴趣，全无兴趣，而他对我多年一直感兴趣的那点事，也一样兴趣索然。

After being frustrated at the Atelier Feichang Jianzhu, several acquaintances from the atelier treated me to dinner to console me. I expressed my confusion as it was not long after I had recommended that Zhou join the Atelier as one of its directors. He invited me to give a talk about the Chinese garden, but he asserted that it was not worth studying the Chinese garden using two rationales. First, he demonstrated his skill in reciting Tang and Song poems—skills he claimed he had developed before the age of nine—to argue that such talent allowed him to judge the Chinese garden to be "a stinky pool with a pile of odd rocks." He also encouraged me, in a heroic tone evocative of Xu Xiake, to look at the 'real mountains and big rivers,' such as the Alps. He praised them in a grandiose tone, saying that my obsession with the Chinese garden was simply due to my lack of opportunity to travel and witness the 'real mountains and big rivers' in Europe for myself.

These two rationales didn't shock me. I didn't believe that a nine-year old child's comprehension of poetry, or his dismissal of the Chinese garden, was particularly significant—even if he was a genius. Nor was I intimidated by his promotion of tourism vis-à-vis the Alps. The difference between a garden designer and a tour guide is clear: the first aims to learn how to make artificial mountains and rivers from real ones, whereas the second, without a need to build, competes in order to attract tourists by thumbing-up this and thumbing-down that. Zhou's thumbs-up and thumbs-down approach was much like the quarrel between a Suzhou tour guide and one based in Jiuzhaigou. The distinction can also be understood as the distinction between the prides of a foreign tour guide versus a rustic traveler.

It was true that Zhou's pressure shamed me and left me at a complete loss for words. How could I have expected that someone would invite me to talk about the Chinese garden, only to then assert that the topic was unworthy of being studied? Several colleagues in Atelier Feichang Jianzhu tried to explain the situation: their office was starting a project related to the Chinese garden and had expected that my lecture would provide insight into their project. However, Zhou was disappointed that my lecture didn't seem helpful. Colleagues consoled me by criticizing Zhou's utilitarian, shortsighted point of view. Actually, I decided to study the Chinese garden for pragmatic reasons as well. I have always hoped that my study would have a direct influence on my practice. But from the beginning even I myself felt this goal was too distant to reach.

After that defeat, I rarely visited the Atelier Feichang Jianzhu. I later heard that Zhou had left the office. Afterwards, whenever I met him, he would mostly make small talk, i.e. you must be still doing this blah blah, and my latest interest has shifted to that blah blah. Upon seeing each other at a meeting one year ago, Zhou reported that he was developing his latest interest in 'local architecture.' Since I'm not a spectator of architecture, I did not feel any interest in his quick change of interests. From his perspective, I'm sure he has no interest in what I've been fascinated with for years either.

4

昆明的那个讲座，只是更早一年我在尤伦斯讲座的简化，当时的题目是"居住的乐园"，张永和主持，在讲座后的对谈环节里，张永和说他是第一次听我讲座，他对讲座的赞扬，让我有汗颜的安慰，他对我的提问，却也相关十年跨度的时间，他问我，这十年来，你是如何抵抗席卷当代建筑界的两类流行式样——盒状与坨状——的？

我记不清回答这问题的具体情形，大致是，作为建筑或园林的思考与践行者，一旦身入其间，无论是思考还是践行，所需要的全神贯注，大概都能盲视身旁的流行事态吧。我此刻意识到，或许正是这十年来的全神贯注，为我如今谈论园林注入了一些自信；而这十年间的目不旁视，也帮我避开了，而非张永和说的抵抗了潮流。讲座结束后，针对我在讲座中描述的西方天堂，张永和建议我对相关天堂的两个英文单词，进一步微分：

heaven 与 paradise。

讲座次日，我父去世。丁忧期，明贤来电话，约我出本建筑专辑，推辞不下，就以张永和建议的那两个词，构思《天堂与乐园》这本小书，以纪念我父亲，并在一个多月的时间内，赶出书稿，本指望在父亲周年祭日，能用这本书，祭拜父亲，那本书稿，至今还躺在出版社待印。

而此刻，我却在为当时尚无计划的新书《玖章造园》写序：

为什么研究中国园林？

The lecture at Kunming was a simplified version of my talk at the Ullens Center for Contemporary Art one year before. It was entitled "The Paradise for Dwelling" and was moderated by Yung Ho Chang. During the discussion session, Chang said it was the first time he had attended my lecture and he spoke highly of it, which both embarrassed and consoled me. He asked me how, over the past 10 years, I had managed to resist the two trends that had swept over contemporary architecture, namely, the box and the blob? I don't remember what I said exactly, but it may have been something like this: as a thinker and a practitioner of architecture and landscape, one's full concentration on thinking and practice naturally makes one blind to fashionable trends. Today, I realize that perhaps my decade of concentration has offered me a certain confidence in talking about the Chinese garden, and that my decade of indifference to anything else has contributed to my avoidance of, rather than resistance to, other trends. After the lecture, Chang further suggested that I distinguish between the two English words "heaven" and "paradise"— terms which I had treated as one concept in my lecture.

The day after the lecture, my father passed away. During the mourning period, Wang Mingxian called and asked me to publish an architectural monograph. Finding it difficult to decline, I titled my book with the two words from Chang, "heaven and paradise," as a way of commemorating my father. I completed the draft in one month and expected to use it for the anniversary of my father's memorial. But the draft is still in the publisher's hands and is waiting to be released.

I'm now writing a preface for *Nine Chapters on Gardening*, which is a book that I had no plan on undertaking back then.

Why study the Chinese garden?

5

我从西方现当代建筑的兴趣，转向中国园林，其偶然性，不值一提。

当时正写完《极少主义》一书，当初翻译资料时未敢深究的余惑，那时泛了上来，追求极端几何自治的极少主义艺术家，却很有几位都转向极端偶发的烟雾艺术，这情形，与艾森曼自己早期作品的几何严谨的盒子，与晚期作品的随机任意的坨样，极其类似，我模糊地觉得，这是一条理解西方现当代建筑与艺术的线索，就想以《大地艺术》为那时刚读的博士题，理由是：

1⋯ 可以延续我才开始的极少主义研究；

2⋯ 曾翻译过的极少主义资料还能再用；

3⋯ 大地艺术与环境艺术的密切关系，也符合我博士导师王国梁教授的研究方向，他那时在中国美术学院主持环境艺术系。

王老师同意了这题，也开了这题，我回北大，

准备收集更多的资料就开写。

有天夜里，北大中文系的刘东教授来电话，电话的缘由，已不确切，他当时如何转向中西方文化比较的话题，更记不得，他说中国知识分子普遍崇洋的文化情节，源于甲午战争的战事失利，中国文化劣势论的自此逻辑就是——秀才与兵打了一架，秀才输了力，人们自此认定，秀才的文化不如兵。

It isn't worth mentioning how I accidentally shifted my interest from western modern and contemporary architecture to the Chinese gardens.

After I finished my book Minimalism, my remaining muddle—a problem stemming from my lack of in-depth study at the time when I translated related materials—resurfaced: among those Minimalist artists who once pursued extreme geometrical autonomy, quite a few of them later turned to the extreme accidental Smoke Art. Such cases seem very similar to that of Eisenman, who designed boxes with a high degree of geometric rigor early in his career but later switched to arbitrary blobs. I felt that this question was somehow a clue to understanding western modern and contemporary architecture and art. I therefore proposed to take "Earth Art" as my doctoral research topic for the following reasons:

1... It could extend my recently begun study of Minimalism;

2... The materials I had translated could be used again;

3... The close relationship between Earth Art and Environmental Art also fit in within the research recommended by my PhD supervisor, Prof. Wang Guo-liang, who was then director of the Department of Environmental Design at the China Academy of Art.

After Prof. Wang endorsed my topic, I passed the probation procedure and returned to Peking University to collect the materials I needed for my thesis.

One night, I received a call from Prof. Liu Dong of the Department of Chinese Language and Literature at Peking University. After we had talked a while, he began to compare Chinese and western cultures. He said the reason for the prevalent worship of foreign ideas and cultures by Chinese intellectuals had begun after China's defeat in the First Sino-Japanese War. From that point onward, the logic of the "Inferiority of Chinese culture" theory went like this: the scholar was defeated by the soldier in fighting, and therefore the scholar's culture was inferior to the solder's.

6

刘东语气缓和，我却如雷贯耳，放下电话，反思近百年的文化近事，大半如此，一时难解，就如困兽游走，小屋困足，则出门烟思，我自忖非振臂一呼者，只觉该做些什么，最好是相关建筑的文化反思，那就中国园林的方向吧，这转向的缘由，虽有周榕猜测的奇怪，但这奇遇，完全没能带给我任何自信，当时涌起的，倒是自责与自卑，我过去好洋贬中的建筑习气，似乎真有这兵逻辑在背后提气，尽管我也曾叶公好龙地谈及过园林，但相比于我过去

投入在西方建筑与艺术史里的精力，我对中国园林的理解，肤浅得不值一提，但我也并不想等，转向中国园林的决定，仓促得不计前路，没隔几日，就去杭州见导师提请改题，导师宽容得竟没问我缘由。

三年后，论文草成，导师建议我在美院博士论丛里出版，我以其草创之糙而婉拒，再劝，说是糙可在再版时修订，我固执地以为，若预计修订，就不如在手里修订几年再说。又两年，在彭怒的鼓励下，在《时代建筑》连载的《化境八章》，又有出版社提议出版，自觉对中国园林的研究，尚不足以支撑我造园或建筑的实践，再后来，我在北大开设的《中国园林赏析》公开课，引起北大出版社艾英的注意，来约北大名家通识十五讲系列，依旧彷徨，就将已讲了十余年的「现当代建筑赏析」，移花接木地出版了，等这本讲义重印，艾英再约我中国园林的讲义时，依旧彷徨不敢应。

Liu Dong's tone was calm and slow, but his words nevertheless shocked me like lightning. I hung up the phone and reflected on the cultural events of the past century. I realized that most of them did seem to relate to Liu Dong's analysis. Seeing no solution, I paced around my room like a trapped beast before going outside to smoke. Knowing myself not to be the type of person with great leadership skills, I nevertheless thought that I should at least do something, perhaps a reflection on architectural culture - hence my study of the Chinese garden. This switch in my topic was unusual, and as Zhou Rong had guessed correctly, it didn't bring me any confidence. Rather, it seemed to produce little more than feelings of self-doubt and inferiority.

My old hobby of worshiping the foreign and depreciating the Chinese seemed to indeed be supported by the 'soldier's logic.' Even though I sometimes pretended to talk about the Chinese garden, my understanding of it was shallow, particularly given the fact that I had put so much energy into the study of western architecture and art. But I didn't want to defer any longer. My decision to switch my research topic to the Chinese garden was so hasty that it did not give me time to consider the consequences. Several days later, I went to Hangzhou to talk to my supervisor, who generously endorsed my change without even asking for an explanation.

Three years later I completed my dissertation draft. My supervisor recommended that it be published in the Academy's PhD Dissertation Series. I declined on the basis that it had been written so hurriedly and crudely. He tried to persuade me that my book could be revised in a second edition. But I obstinately thought that if a revision was needed, it would be better to revise it first before it was published. Encouraged by Peng Nu, I published my draft two years later in a series of essays titled "Eight Chapters on Perfection" in *Time + Architecture*. When I was again approached by a publisher, I still considered my study of the Chinese Garden too weak to support my gardening and architectural practice. Later, my open course "Appreciation of The Chinese Garden" caught the attention of Ai Ying of Peking University Press. He proposed publishing the text for my course in the series of "15 General Study Courses" offered by Peking University Scholars. Still hesitating, I published, instead, my text of the "Appreciations of Contemporary and Modern Architecture," another course I have been teaching for over a decade. When the book was re-printed, Ying Ai asked me again for my text on the Chinese garden. I still hesitated and did not release it.

7

这两年，终于尝试写点直接与造园实践相关的文章，首先是「山居玖式」，它围绕着造园可操作的九种范式，以回应清华大学王丽芳教授的猜测——苏州园林一定曾有可标准化操作的模式；接下来的「庭园六议」，起因于和朱锫还有隈研吾的对谈，是一篇对朱锫宣称四合院是纯精神的反驳文章；再后的「造园柒记」，因为相关自己的实践，轻车熟路，也早早写成；有了六、七、九，才觉得应写满九篇造园的系列文章，在黄居正主编的支持下，最近一直在《建筑师》上连载，「双园捌法」是连载里我最满意的第一篇，是比较两座园林——寄畅园及以前者为摹本的谐趣园——的文章，本名「双园捌比」，比较两园所用八种造园方法的优劣，因已有对整本书九章题目的八股考量，以为所改「双园捌法」之名，与「山居玖式」，尾字合起来，就有造园法式的衔接关系。

这题目的八股，就为还未动笔的山水两篇，定下「石山壹品」与「理水两相」的品相议题，品石与品山，可以同品的品法，为第一章奠定了「石山壹品」的基调，而「理水两相」的两相，却暗示山水皆不能自品，只能互品的两相。这两章虽写作艰难，但自评质量，与「双园八法」都还接近；「林木叁姿」与「装折肆态」两章，则以「姿态」两字配对，以表明中国园林相关日常身体的鲜活姿态，暗比柯布西耶以人体读出尺寸的无机模度，因此，这两章都以如画的视觉与入画的身体展开，「林木叁姿」难以深入的单薄

感，到「装折肆态」却有满溢之嫌；最艰难的是
「栖居伍论」，它居于九章中央，而最后落笔，
就有太多余事欲说，它所耗费的时间，几乎超
过了我写过的几本书的平均时耗，最近两个
月，已易十余稿，有时觉得，我应继续前四章
具体到实践的写法，有时又觉得，它得担当承
前启后的居中重任，我还希望，它能对我最关
心的空间诗意有所交代，但总是顾此失彼，前
日在秦蕾委婉的催稿中，草草截稿，未尽之意，
正好借这长序絮叨。

For the past two years, I have been writing articles about the practice of gardening. My first piece was titled "Nine Strategies for Mountain Dwelling." It surveyed nine paradigms of gardening in response to the hypothesis of Prof. Wang Lifang at Tsinghua University - the Suzhou garden must have been developed as the standardized operation model. This essay was followed by "Six Discussions on the Garden," which originated through my conversations with Zhu Pei and Kengo Kuma. It also served as a reference to Zhu Pei's claim that the courtyard house was a purely spiritual one. A subsequent text, "Seven Notes on Gardening," was about my own practice, a subject with which I was so familiar that I completed it quite quickly. Having already published essays that featured the numbers six, seven and nine, I thought it was necessary to complete a series of nine essays on gardening. With the support of the chief editor, Huang Juzheng, I have been publishing this series in the Architect. Among the essays published, my favorites include "Eight Methods and Two Gardens," a comparison between the two gardens, the Jichang Garden and its echo, the Garden of Harmonious Interest. The essay's original title was "Two

Gardens and Eight Comparisons" – an effort to compare eight gardening methods used in the two gardens. Since I'd already conceived of the overall structure of my book as comprising nine chapters, I believed that the word "methods" would work better with the term "strategies", i.e. "Nine Strategies for Mountain Dwelling," as both suggested something about the gardening methodology. I subsequently changed the title to "Eight Methods and Two Gardens."

My intended book structure dictated the titles of my first two chapters, "One Test of the Rock and Mountain" and "Two Assessments of the Water Arrangement," which hadn't been written at the time. The first chapter, the "One Test," suggested that identical criteria could be used to evaluate both rock and mountain landscapes. But the "Two Assessments" introduced in the second chapter hinted that neither mountain nor water could be analyzed on their own. Each required a method of cross-comparison with the other. Although the writing of these two chapters was difficult, in my judgment, their quality approached that of "Two Gardens and the Eighth Methods."

The following two chapters are titled, "Three Poses of Plants" and "Four Stances of Zhuangzhe" The two Chinese characters included in the two titles, Zi & Tai (meaning "postures"), were intended to demonstrate the intimate relationship of Chinse gardens to the vivid human body gestures made in daily life. The term also implied an analogical relationship to Corbusier's concept of using human scale as the basic unit to measure all the modules of inorganic objects. Therefore, both of the two chapters unfolded through my study of picturesque visions and pictured bodies. The "Three Poses of Plants" felt a bit thin, while the "Four Stances of Zhuangzhe" felt so full that it's almost overflowing. The most difficult chapter was "Five Points on Dwelling", which sits in the middle of my nine chapters. I had so many things to say in this chapter, and it took me longer than the average time I had devoted to each of my previously published books. In fact, I've revised it more than ten times in the past two month. At times I felt as though I should follow the writing style of my first four chapters and focus on the concrete practice. But at other times I felt that it should serve as the book's central pivot, turning from its first half to its second so that it could convey what I care about the most: the poetry of space. Finally, under Qin Lei's gentle push the day before yesterday, I wrapped up hastily, only rambling about my unfulfilled intentions in this long preface.

8

海德格尔的栖居诗意，头些年，还是建筑学与哲学共享的高深话题，如今已普及到地产广告领域，它就像嵌在建筑口杯上的一粒樱桃，虽不能改观建筑的品位，却有装点深浅的魔力，更资深的品评家们，则从海德格尔，追溯到荷尔德林那首《在柔媚的湛蓝中》，那才是海德格尔提炼现象学「诗意栖居」的原生地。

对现象学，我一向畏难，幸而有博尔赫斯的判断在先铺垫，他对空间与时间的等级判断是——就生命体而言，时间自有比空间高贵的禀赋，我就此以为，只有相关生命的时间考量，才能为栖居注入可被评估的空间诗意，西方中世纪神学空间，或中国魏晋以来的山水空间，都曾兼备这时空诗意；对现象学，我也至今无知，所幸曾有过与几位中国现象学家的对谈经历，大致知晓，现象学的根本任务，的确与神学类似，都试图为——有朽之人如何面对不朽之神——提供要领，也明白这是被尼采宣称上帝已死所迫。

我却读不下去海德格尔晦涩的哲学译著，就找来荷尔德林那首诗的译文细看，或是译文缘由，总觉它不类诗歌，已近说理，以「在柔媚的湛蓝中」开头的教堂钟楼那一段，就叙述出与神学类似的「天地人神」四重体，他以古希腊两位人神同形的英雄——俄狄浦斯与赫拉克勒斯示范，以阐明他们如何以勋劳功烈而获得不朽的诗意存在：前者为避免弑父娶母的命运诅咒，后者为平复自己弑子的神妒疯狂，前者在弑父娶母的真相暴露后，自己刺瞎双目并自我放逐，后者在建立了与诸神干戈的十二件伟大使命后，却不堪神妒的痛苦而自焚，其生命不朽的诗意，被荷尔德林以存在的苦难诠释：

「分享这些被生命嫉妒的不朽，也是一种苦难。」

其诗意存在的时间注脚，被荷尔德林突兀地嵌在全诗末尾：

「生即是死，死亦是一种生。」

荷尔德林放弃了基督教以复活抵达的神秘莫测的永恒，而选择柏拉图式的文学不朽——身体可以消亡，借助悲剧文学，声名却可假借悲剧流传不朽，这是凡人无需借助上帝救赎的自成式不朽，估计还是荷尔德林宣称——神本人的尺度——而能不朽的基础，这不朽存在的时间诗意，就依旧建立在基督教向死而生的死亡之后。

Several years ago, Heidegger's 'poetic dwelling' was still an abstruse topic primarily shared by those in the fields of architecture and philosophy. Now it has been popularized by real estate advertisements. Like a cherry placed on the edge of an architectural cocktail glass, it can't change the taste (flavor?) of architecture but it seem to have the magical power of indicating a certain architectural depth. More experienced critics have even managed to trace Heidegger to Hölderlin's *In lieblicher Bläue*, which was the first place where Heidegger distilled his phenomenology of 'poetic dwelling.'

I always find phenomenology a difficult subject to deal with. Luckily, however, I had J. L. Borges's judgment as my personal stepping stone. His assessment of the hierarchy between space and time is based on the premise that for living beings, procession through time takes on a more dignified quality than procession through space. As a result, I believe that only a life concerned with time can bring a measurable and poetic spatial quality to the concept of 'dwelling.' Either the theological space in the Western middle-ages or the landscape spaces that have existed since the Wei-Jin Dynasties possess this combined temporal-spatial poetry. I am still ignorant about phenomenology. But I've had the privilege of discussing this subject with several Chinese phenomenologists and have come to understand that the fundamental task of phenomenology, which is similar to theology, is to provide principles for mortal beings to face the immortal God. And I also understand that this effort was mandated by Nietzsche's proclamation of the death of God.

Unable to read through the translation of Heidegger's philosophical work, I instead took a close look at the translated poem by Hölderlin. Perhaps since it was a translation, I felt that it was not a poem but rather an argument. In the first paragraph of *In lieblicher Bläue*, in which he makes reference to the church bell tower, Hölderlin stated a nearly theological fourfold structure comprised of heaven, earth, human beings and God. He chose two anthropomorphized heroes from ancient Greece—Oedipus and Heracles—to exemplify how these figures, "full of merit," could obtain an immortal poetic existence. The former tried to get rid of the curse of killing his father and marrying his mother, while the latter became enraged by his murder of his son and his envy of God. The former blinded his own eyes and threw himself into exile; the latter immolated himself out of the pain produced by his guilt and envy. Hölderlin interpreted the immortal poetry of their lives as the misery of existence:

And to half share immortality
With the envy of this life,
This too is pain.

The temporal note of poetic existence was abruptly inserted at the end of Hölderlin's poem:

Life is death, and death a life.

Hölderlin abandoned the enigmatic immortality promised by Christianity through resurrection and instead chose a kind of Platonic literary immortality, in which the body perishes but fame is immortalized through the tragic act of death. This was thus an ordinary human being's self-achieved immortality—one that did not rely upon God's redemption. Perhaps this was Hölderlin's declaration of the foundation of immortality, with himself serving as a measure of God. This temporal poetry of immortality still resides in Christianity's notion of resurrection.

9

这存在于身后的诗意，却正是曹丕被陶渊明批判过的逐名诗意，陶渊明为中国后世构造的人境诗意，却无关神祇，只有人居天地间的天地人三才。它不以现世痛苦与来世不朽的名声交易，它就建立在此世的日常生活之间，其桃花源记，成为中国庭园栖居的理想原型，其得意忘言的陶然诗意，成为中国后世文人心灵最大的慰藉，以至于人们竟用陶诗的冲淡，挑剔谢灵运优美的山水诗歌，人们一边赞美它们的山水诗意，一面担忧他夹在山水诗里的释理部分，有以理蔽意的风险。

海德格尔虽自觉技术有遮蔽诗意的危险，但其「语言是存在的家」，与柯布西耶的「住宅是居住的机器」，就句意而言，却都像技术自明的标配产物。就现象学晦涩的存在论而言，一样警惕技术的庄子，曾以身体比喻，论及此事——人们意识到腰的存在，一定是腰出了问题，现象学反复讨论存在问题，恐怕就是存在自身出了病灶，在庄子得意忘言的理论里，他将忘记存在——无论是身体还是语言的存在，视为生活或诗意的陶然存在，他未必在乎诗意，但他以忘化生死来取代感伤生死的智慧，引发了中国后世文人，以日常生活的居游惬意，忘怀身体生死大化的特殊时刻，这类山水栖居诗意，聚合了中国一千五百年来的主要艺术的合力——魏晋的山水诗、宋元的山水画、明清的山水园，并为普通人的日常生活，构造出举世无双的栖居诗意，直到五四运动之后，才戛然而止。

按雨果在《巴黎圣母院》中的表述，中世纪神学，以表达灵魂永恒的时间伟力，也曾聚合过建筑、雕塑、绘画、结构、装饰等所有艺术，并以神学之光，将它们锻造成哥特大教堂的总体艺术；在文艺复兴人本主义冲击下，神学不再有聚合这些艺术的收束力，由哥特大艺术裂变为建筑、雕塑、绘画、装饰、音乐等各自独立的艺术，并以核裂变的光芒，为文艺复兴带来建筑风格繁荣的回光返照，却因神意的丧失，就此裂变为无关表意的艺术或技术。

Such a posthumous poetry was exactly the same fame-chasing poetry pursued by Cao Pi, which was criticized by Tao Yuanming. The "human poetry" constructed by Tao for later generations of Chinese people had nothing to do with God. It only related to the three-fold of heaven, earth and human existence, with human beings living between heaven and earth. It didn't trade immortal posthumous fame for the pain of mortal existence. Instead, it was rooted within daily life. Tao's "The Story of the Peach Blossom Paradise" became the ideal prototype for the Chinese garden dwelling. The joyful poetry existing beyond the work's verbal description became a form of great spiritual comfort for later generations of Chinese literati. People even used the lightness of Tao's poetry to criticize Xie Lingyun's beautiful landscape poems. They praised Xie's poetry but worried about the argumentation with which he engaged, and the possibility that it would overwhelm his poetry.

Although Heidegger saw the potential dangers of technology eclipsing poetry, he still considered "language as a home for being." In the literal sense, he's saying something similar to Corbusier's statement that "house is a machine for living"; they both saw dwelling as a standardized product of self-evident technological change. Regarding the obscure ontology of phenomenology, Chuangtse, who was equally cautious about technology, once used bodily metaphors to illustrate the issue–i.e., there must be something wrong with the waist when people become aware of its existence. While phenomenology continues to discuss 'being,' there must be something wrong with being itself. In Chuangtse's theory, i.e. "through a tacit understanding of things, one can forget his words," the poet took the senselessness of being—either the being of body or of language—and transposed it into the joyful being of life or poetry. He may not have cared about poetry, but he used the wisdom of forgetfulness and death to replace the sentimentalization of life and death. This inspired later generations of Chinese literati to utilize the well-being of living and travelling in daily life to forget the unique moment of death. This kind of poetry, which focused on dwelling in mountains and rivers, integrated the various forces at work in China's 1,500-year history of cultural production, including the landscape poems in the Wei-Jin Dynasties, the landscape paintings in the Song-Yuan Dynasties, and the gardens in the Ming-Qing Dynasties. It also produced the unmatchable poetry of 'dwelling' found in ordinary people's daily lives, until the May Fourth Movement brought it to an abrupt end.

According to Hugo's *Notre-Dame de Paris*, medieval theology, with its great power to express the eternity of the human soul, was once integrated into all kinds of arts, including architecture, sculpture, painting, structure, and ornament. In this respect, the conceptual illumination of theology was also responsible for forging the total art of the Gothic Cathedral. Following the impact of Renaissance-era humanism, however, theology no longer had any cohesive or comprehensive force. Great Gothic cultural production was split into separate entities such as architecture, sculpture, painting, structure, ornament, and music. The violent separation of these arts produced one last blaze of early Renaissance-era architecture, though following the disappearance of God's will, art would remain separated into different techniques unrelated to a holistic representation.

10

尼采宣称「上帝已死」，陨灭了神学最后一点神光。按尼采「重审一切存在」的质疑视角，所有现代艺术，作为神本主义大艺术的裂变结果，都必然承载着神学的部分属性，所有现代艺术都宣称要为所有人服务，其宏大叙事的口吻，就源自基督教要救赎所有人的裂变，而所有裂变的现代艺术，自此又都陷入微叙事的困境——都需自证无关上帝的自明性存在。

自明性，从特性上，正是惟一上帝必然孤立的特征，从属性上，它也是上帝无需旁证的自在属性，但大众对上帝神性的信仰，却藉由对基督教早期神迹的宣扬而构造，正是为了证明基督如何能死而复活，或玛丽亚如何能以处女之身而怀孕——这类神秘难言的神迹难题

时，中世纪神学为语言锻造出的超凡证明能力，在上帝神性陨灭后，为西方神学文明之后，构造出现代自证自明的技术文明。

建筑学，按艾森曼的讲法，在文艺复兴诞生之际，就面临要杜撰学科合法自明的困境，为抵抗后现代建筑造型的任意性，艾森曼尝试重构建筑学的自治性，他以柯布西耶的多米诺结构体系开始，并以结构语言学的严谨，试图证明建筑学有超越个人偶然的自明性生成机制，他很快就意识到，他用以生成建筑的几何学 *(fig...4)*，却并非建筑学科内部自有，他晚期的建筑，则完全追随外部条件的偶然性而随机造型 *(fig...5)*，艾森曼本人发明的这两类形状相反的建筑造型，不但印证了波德莱尔对现代艺术特征归类的人神两类——短

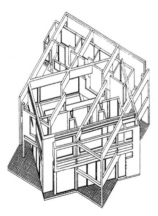

fig...4 艾森曼设计，住宅 3#

fig...5 艾森曼设计，斯塔滕岛艺术与科学研究所

暂、偶然与永恒、不变相互交织，还交织出被张永和归类的两种当代建筑造型：几何盒与任意坨。

在技术自证的自明性驱动下，当代建筑继续裂变，建筑裂变为空间、结构、材料、装饰各自自明的独立话题，而物极必反的学科自明，如今又以跨专业的反向运动，嫁接出新一轮建筑繁荣的理论虚象，张永和前两年与我谈及此事时，竟觉建筑界似乎失去讨论学科内部话题的专业能力，当代建筑，频繁换阵，如今假借计算机无可比拟的技术伟力，讴歌它自动涌现出的光怪离奇的造型，而计算机能模拟三维地形的技术，如今还成为当代景观与建筑共享的造型摹本，人们以为，建筑与景观在造型上的相互模仿，竟能弥补建筑与景观专业独立后的无能共栖，它或许能帮西方景观摆脱二维底图的命数，也让建筑得以反哺景观一直模仿建筑的历史恩情，它们再次以模拟自然形骸的精巧制造，表达了对自然地貌肤浅的造型敬意，却无力为空间栖居的诗意，留下任何相关时间的入口。

Nietzsche's claim that "God is dead" extinguished the last light of theology. From Nietzsche's questioning angle toward "the revaluation of all values," all modern arts created out of the Renaissance-era schism in theocentric artistic production inevitably carried with them some partial features of theology. The grandiose claims made by modern artists to serve all people can be theorized as deriving from Christianity's mission to redeem all human beings. All of the modern arts therefore fell into the dilemma of a micro-narrative– they all needed to justify their respective self-evident existences as being unrelated to God.

Self-evidence is the characteristic of a single God being inevitably alone; it is the attribute of a God that does not require any circumstantial evidence. But people's belief in the divinity of God was constructed through publicizing the early miracles of Christianity. God's existence was evidenced by the occurrence of mysterious miracles–Jesus could be resurrected and the Virgin Mary could be pregnant. It was through the miraculous nature of these events that the language of medieval theology was also forged. The decay of God's divinity in the western post-theological era gave rise to the self-evidential nature of modern technological civilization.

According to Eisenman, architecture first faced the predicament of fabricating its own legitimacy during the Renaissance. In order to resist the arbitrariness of post-modern architectural form, Eisenman attempted to reconstruct architecture's disciplinary autonomy. Starting with Corbusier's Dom-ino structural system and its rigorous structural language, he attempted to prove that architecture had its own self-evidential generative mechanism. But he quickly realized that the geometry *(fig...4)* he used to generate architecture was actually not inherent to the discipline of architecture. His later architecture instead adhered to the contingency of external conditions and arbitrary formal production *(fig...5)*. The two kinds of opposing forms invented by Eisenman not only proved Baudelaire's two categories of modern art—the constant interweaving of the human and the divine, the transient, the accidental, the ephemeral and the eternal—but it also characterized the two fundamental types of contemporary architectural forms identi-

fied by Yung Ho Chang as the geometric box and the arbitrary blob.

Driven by the force of technology's self-evidence, contemporary architecture continues to divide itself into independent categories such as space, structure, material, and ornament. Today, the discipline's self-evidence has shifted to another extreme—that of the interdisciplinary counter-movement, through which it has grafted itself onto another theoretical architectural projection. Two years ago, in my aforementioned conversation with Yung Ho Chang, he felt that the architectural field had unexpectedly lost the professional capacity to discuss topics that are essential to the discipline. Contemporary architecture quickly changed its course, and through the unmatchable power of the computer, bizarre forms and simulated three-dimensional modeling were being produced that linked architectural design to landscape in ways that, at first glance, seemed to overcome the failed cohabitation of the two disciplines after their Renaissance-era split. These tools may help western landscape design to escape from the fate of its exclusive reliance on 2D base-maps, and it may enable architecture to pay back a kindness to landscape that has been always imitating architecture in history. It superficially expresses its respect for natural topography by replicating the delicate construction of natural forms. But it's incapable of opening a gateway for the spatial poetics of dwelling to be related to time.

中世纪教堂相关永恒的时间诗意，在文艺复兴的意向转移间，没落为失去表意对象的空间艺术，在现代主义的技术文明支撑下，继续堕落为相关造型的建造技术，人们还试图从空间建构的技术里，谋求相关时间诗意的艺术性。

在最早的《中国建筑史》里，伊东忠太所载西人对中国建筑的非艺术论，是英国人弗格森的论述：
「中国建筑和其他艺术一样低级。它富于装饰，适宜家居，但是不耐久，而且缺乏庄严、宏伟的气象，中国建筑并不值得太多的注意。」

弗格森批判中国建筑的「适宜家居」，正是柯布西耶视为现代建筑孜孜以求的栖居品质；弗格森批判中国建筑的「不耐久」，而非「不永恒」，大概有他当时所在英国折衷主义的尾声尴尬，折衷主义无关神学诗意的造型风格，因无能时间的永恒，只能夸耀技术的耐久；弗格森批判中国建筑欠缺「庄严、宏伟的气象」，也正是柯布西耶要抛弃的折衷主义的浮夸壮丽。甚至，弗格森与弗莱彻合伙将中国建筑贬低为非艺术的「工业」鉴定，在柯布西耶的技术美学下，也呈现出特别现代的工业远景，这些中日传统建筑与西方现代建筑目标的多处耦合，鼓励了中日建筑理论家的技术性方向：为匹配现代建筑的技术美学，日本近现代建筑师，从日本传统建筑以榻榻米为标准的空间里，寻求到它们符合西方现代技术美学的空间潜力，中国近现代建筑师先驱们，则从中国传统建筑以斗口度量建造体系的技术里，谋求中国传统建筑在建造技术上的现代性。

With the intentional shift in the Renaissance, the notions of eternity found in the poetics of time and particular to medieval churches declined, leaving architecture as a spatial art without representational intent. Supported by the trappings of modernist technological civilization, architecture continues to degenerate into little more than a series of construction techniques that produce architectural form, though people still attempt to seek the artistry found in the poetics of time through an engagement with the architectonic.

In the earliest *History of Chinese Architecture*, Ito Chuta quoted a theory espoused by foreigners such as British scholar James Fergusson about Chinese architecture as not being an art:

Chinese architecture also stands on the same low level as their other arts. It is rich, ornamental, and appropriate for domestic purposes, but ephemeral and totally wanting in dignity and grandeur of conception.

Fergusson dismisses Chinese architecture as being "appropriate for domestic purposes," which was exactly the 'dwelling' quality Corbusier had diligently pursued in modern architecture. Fergusson criticized Chinese architecture as being "ephemeral," perhaps because he was living in the age of British eclecticism's, a formal style that had nothing to do with the poetics of theology and could only boast of its technological durability due to its inability to achieve any kind of spiritual, temporal eternity. Fergusson also criticized Chinese architecture as "totally wanting in dignity and grandeur of conception," yet it was the very flamboyance of eclecticism that Corbusier wanted to abandon. Furthermore, Fergusson and Banister Fletcher colluded to depreciate Chinese architecture's value as art by identifying its industrial-like properties—characteristics that later emerged as having ultra-modern potential in Corbusier's own technological aesthetics. The multiple overlaps between traditional Chinese and Japanese architecture and the goals of western modern architecture encouraged Chinese and Japanese architectural theorists to move into a distinctly technical direction: Japanese modern architects identified connections between the standardized nature of the *tatami* mat and western modern technological aesthetics; China's own modern architectural pioneers theorized the *doukou* measurement construction system in traditional Chinese architecture in relation to modern construction technology.

12

刘东的电话后，很长一段时间，我也总在谋寻中国艺术先进性的安慰，就常读些相关中西方艺术比较的文章，以矫正自己对中国文化的过分无知。美国汉学家包华石就曾遭遇过这类无知，针对西方上世纪中叶兴起的大色域绘画，一位旅美华人艺术史家跑到美国问他，中国绘画史有否类似的绝妙笔触，包华石因知晓大色域流派，正来源于对中国五代画家董源、巨然画中的笔触研究，遂讥讽这提问说——这就好比问，中国是否有像英国一样的喝茶传统。

冈仓天心的《茶之书》，据说曾影响过赖特的有机建筑理论，他在梳理了茶文化的中日历史积淀后，以为，如若放弃对西方文化一贯的卑躬屈膝，就能得出：

「在世界文明的有些方面，东方胜于西方。」

沿着伊东忠太为中国建筑正名的事业，梁思成为将中国建筑纳入西方艺术史的评价体系，曾做出过持久而专注的研究，在一本写给外国人看的《中国建筑史》里，他以「为什么研究中国建筑」为题，反思中国建筑艺术的特殊性，他动议将中国建筑的狭隘定义，向生活方面拓展：

「许多平面部署，大到一城一市，小到一宅一园，都是我们生活的答案，值得我们重新剖析。我们有传统习惯和趣味：家庭组织、生活程度、工作、游息，以及烹饪、缝纫、室内的书画陈设、室外的庭院花木……这一切表现的总表现曾是我们的建筑。现在我们不必削足就履，将生活来将就欧美的部署。」

这一扩展向日常生活的领域，虽无法再用大木建筑的单体研究方式触及，但却正好在中国园林可以涵盖的广度；就中国园林的深度而言，我当初面临相关中国庭园——来自山水诗、山水画、山水园林的浩瀚资料时，竟有穷尽一生也难及其深的溺窒感，渐渐就成了释然，这辈子，我再也不用为谋求建筑方向而逶巡欧美，渐渐就生出以一生浸没其间的安宁。十年过去了，我如今相信，中国注入到日常栖居的文化之深之广，不但远胜过茶文化，也胜过中国人如今难得自信的饮食文化，只有西方中世纪教堂蕴含的栖居文化，才堪可匹敌，若按柯布西耶要为普通人的普通居住构造的现代栖居目标而言，中国园林曾经构造出的栖居诗意，就绝非西方发育不久的人居文化所能企及，即便从诗意沉积必要的时间上，海德格尔包裹有神祇的现代栖居诗意，比中国山水田园人境的栖居诗意，已晚后了一千五百年。

为什么研究中国园林？

就并不需要谁的自信，只要不过分自卑。

2015 年春

After the phone conversation with Liu Dong, for a long time, I frequently read articles about the comparison between Chinese and Western art in an attempt to seek comfort about the advancement of Chinese art and to diminish my ignorance of Chinese culture.

The American Sinologist, Martin J. Powers, once encountered such ignorance in an American-Chinese art historian who went to the United States and asked him whether classical Chinese paintings had the exquisite brushstrokes found in mid-twentieth-century color-field painting. Powers knew that the color-field painting technique was derived from the study of the brushstrokes of Chinese painters Dong Yuan and Ju Ran in the Five Dynasties period. He therefore ridiculed such a question, just as one asked whether the Chinese have a tea drinking tradition similar to that of the British.

Allegedly, *The Book of Tea*, written by Okakula Tensin, influenced Frank Lloyd Wright's theory of organic architecture. After analyzing the evolution of tea culture in Chinese and Japanese history, Tensin realized that by dropping the prevailing groveling attitude of the time toward Western culture, one could draw the conclusion that:

In some aspects of the world's civilizations, the eastern is superior to the western.

Following Chuta Ito's famous efforts to rectify knowledge about Chinese architecture, Liang Sicheng conducted sustained and concentrated research that brought Chinese architecture into the realm of Western art history. In his book China's Architectural History, he titled his introduction "Why Study Chinese Architecture?" Reflecting on the special features of China's architectural arts, he suggested that the narrow definition of Chinese architecture be expanded towards daily life:

Following the many plan layouts, from those as big as a city and a market, to those as small as a house and a garden, all of the answers about our lives can be found, which deserve our reanalysis. We have traditional habits and tastes: family organization, living standards, work, leisure, cooking, sewing, the interior display of painting and calligraphy, and exterior arrangement of courtyard and plants…. The total sum of all these expressions once constituted our architecture. We don't need to 'cut our feet to fit the shoes' to compromise our lives so as to fit the European-American model.

Although one cannot extend to the domain of daily life merely through the study of official large-timber buildings, Liang's argument does overlap well within the disciplinary scope of the Chinese garden. In terms of the depth of the Chinese garden, when I began to face the tremendous amount of related materials, including landscape poems, landscape paintings and gardens, I felt stifled and thought that it would take more than one lifetime to plumb the depths of this field. Later, however, I was gradually relieved and felt at peace over my realization that I would no longer need to travel to Europe or America to seek architectural direction. I could immerse myself here. After ten years, I now believe that the cultural depth and width that the Chinese people have infused into their daily dwellings are far above not only their tea culture, but also their food culture - aspects of life in which the Chinese have exceptional confidence today. In the West, only the dwelling culture rooted in the medieval church can match these depths. In terms of Corbusier's goal of constructing modern dwellings for ordinary people, the poetics of dwelling on display in the Chinese garden are unmatched by Western dwelling culture, which has only developed recently. The time needed for such a poetics to accumulate—the poetics of modern dwelling as understood and sanctified by Heidegger—is already 1,500 years behind the poetics of dwelling produced by the Chinese garden, and the people in harmony with mountains and rivers.

Why study the Chinese garden?

It doesn't require too much self-confidence, as long as one is not overly self-disparaging.

spring of 2015

石山壹品 *

One Test of the Rock and Mountain

* 首次发表于《建筑师》2015 年第 01 期，总第 173 期，79 页

以米芾的瘦、绉、漏、透四字品石、品山，已成麻木教条。以郭熙对山水要求的身体居游，品味太湖石涡旋的洞庭视觉形象，则石与山、形与意皆可通同一品。以视觉的洞庭与身体的居游这两条线索，借助对石与山的——峰岩、洞房、山台这几类山石形象进行品味，并对掇山远近、深远、气势等方法展开评估与分析。

It already became a cliché to use Mi Fu's four principles – bony, crinkle, porous, penetrable – to evaluate rocks and mountains. With its cavities and the visual resemblance to the dongting, Taihu rocks could be testified with Guo Xi's standards of Shanshui: suitable for living and wandering. Therefore, rock and mountain, shape and artistic conception share a unified criterion. This chapter applies the visual aspect of dongting and the relationships between human body and the mountain/rock, specifically, whether it is livable and suitable to wander as two key issues, to test a serial types of the rock and mountain: hump and cliff, cave-like room, platform. Consequently, it develops the evaluation and analysis on the three methods of rockery craft: close and far, deep afar, potential movement.

1

品石 · 洞庭

枡野俊明到北大讲座，借对谈之隙，私询其中日掇山之别，这位日本禅宗造园家，却答以用石之异：

「中国人爱太湖奇石，日本人好原初朴石。」

或是翻译缘故，他的答非所问，罢了我再问的念头。

如今觉得，即便用石的区别，还有可问余地：

唐宋以来，中国人为何迷恋满腔涡旋的太湖石？

王劲韬在某次沙龙论石，以为「洞庭」二字，在描述洞庭石时，非指湖南洞庭所产之石，而特指太湖所产带涡旋的太湖石，「洞庭」之意，乃指——水把石掏空成洞 (fig...1)，因有洞天福地的洞庭居意。中野美代子从太湖东西两座名为洞庭之山，旁证了太湖曾名洞庭的历史[1]，并从太湖石空腔的形象里，看出两项造型象征：

fig...1 留园太湖石局部，自摄

1··· 太湖石外观为阳，洞穴为阴，实为阴阳合体物，它自身即为一座花园洞府的象征；

2··· 太湖石的洞穴空腔，隐约暗通，宛若子宫胚胎的暗道，这是人类洞天福地的最早线索。

在另一处，以道家经典的道具葫芦为媒介，她将口小肚大的葫芦空腔，与《桃花源记》的迷津空间，进行形象比照，并认为它们皆有类子宫的空间构造，证据可能是：

1··· 林尽水源，便得一山，山有小口，仿佛若有光。

2··· 从口入，初极狭，才通人，复行数十步，豁然开朗。

唐人白居易所写的《太湖石记》，确有母体胚胎的造型比喻：

「岂造物者有意于其间乎？将胚浑凝结，偶然成功乎？」

宋人刘克庄为广州九曜石的题诗，则支持湖石空腔与桃花源的「避地」关联：

「非有干时策，聊为避地图。昔人补勾漏，老子管仙湖。」[2]

其石「透漏」的形象，在「勾漏」二字，用以描述岭南溶洞勾曲穿漏的山貌，它曾是汉置县名，后来被道教想象为「三十六洞天」的第二十二洞天，也旁证了太湖石的透漏与神仙洞窟的洞府关联，而「补勾漏」一事，似还有女娲以石补天的神话含义，全诗却以「老子管仙湖」的仙话结束。

....

[1] 日·中野美代子著，吴念圣译，《龙居景观》，宁夏人民出版社，2007 第一版。
[2] 宋·刘克庄《药洲四首》

围绕这些神话与仙话，对湖石空腔展开的这些洞庭想象，虽然跳跃，或能缓解以宋人米芾对山石展开的麻木品评——瘦、绉、漏、透，而提供一条品石及山的栖居线索，它上可承佛道两家的洞天福地，下可续郭熙为中国山水制定的居游画品。

2

品画·居游

北宋的郭熙，为中国制定山水画品，他将可行、可望、可游、可居的山水，品为四种山水妙品，以行、望、游、居的身体动作品评山水，特别适合建筑行为学的讨论，而他奉为山水上品的居、游两品，原本也最合建筑师的职业话题：

「但可行可望，不如可居可游之为得。」

他随后的追问，却让当代那些嗜好原生自然的设计师们尴尬：

「何者？观今山川，地占数百里，可游可居之处十无三四，而必取可居可游之品。」

原生态的自然山川，可供身体居游处，不足十之三四，更多的景色，仅可视觉旁观，它或为西方景观的追求，但仅为中国山水的画意次品。中国山水，出于自然，高于自然，这高出的部分，就有人造山水居游意象的密度——无论是山水画还是人造园，它们都需对自然删繁就简，郭熙的建议，就是以居游标准，萃取山水精粹。

fig...2 宋·李公麟《山庄图》

比郭熙晚半个世纪的李公麟，绘制了一幅山水居游的《山庄图》(fig...2)，按苏辙的笔记，《山庄图》自东而西展开的规模，大致仅有数里，而苏辙就题记了画中的二十个山居景点，其洞壑翻转的居游密度，就绝非自然。而从其山石的皴纹检视，它也不类真山，从右到左三分之二，石纹大抵还能保持一致，而从玉龙峡到观音崖，石皴却判若两山 (fig...3)，玉龙峡峰岩平整少皴，观音崖的皴纹，却几如万笏朝天，再左，至垂云泝左岸，皴纹再起冲突 (fig...4)，

fig...3 宋·李公麟《山庄图》局部 1

fig...4 宋·李公麟《山庄图》局部 2

fig...5 宋·李公麟《山庄图》局部 3

山左拔地成崖，皴如斧劈斜枝，更左之山，却以折带皴法，皴如钟鼎回文，几种皴纹难合之处，只能以树叶、烟云模糊。这些石山皴纹的巨大差异，显现出它们并非写实某座真山的自然结果，很可能得自对不同地域写生的山水片段，按身体的居游画意，集萃成山。

郭熙的山水，常以亭台楼阁，标识山中居游胜所，李公麟的这幅山水，却以大量的山洞与山台，来标识居游胜处——拱顶的洞穴与露天的山台，因类似于厅堂与庭院，则成为最经典的山居组合。画面绵延不绝的游意，被洞穴之间暗通的密径自右而左带出，它时隐时现，与山间石径相断续，有时以山上小桥飞接以跨沟壑，有时以山下矴步渡水连岸，以供人穿山越岭的山水行游；画面的居意，则由那些点缀在洞穴附近的石台所标识，《山庄图》里，诸多洞外水岸边，大小不一的石台，多达七八处，台小者仅可独坐、中者可三两人对坐低语，台大者可聚莲社众友而为论坛。图中的延华洞 (fig...5)，就是典型的洞—台组合——它以一片卷洞，席卷上下两座山台，卷洞外阔内窄，肖似子宫或葫芦的剖面图，洞上有座上大下小的山台，台上有二人隔桥相对，洞下岩卷，则卷出临水石台，石台如庭，为线泉所分，三人隔泉对坐，左二右一，居意盎然。

即便没有画右入洞前零散的几幢林间小屋，这些宽窄不一的透漏山洞，与这些大小不一的凹凸山台，不但构造出居游自足的洞庭妙所，还为整个画面构造出如太湖石涡旋的透漏山相。画面中端的玉龙峡瀑石 (fig...3)，接山涉水之石，赫然就有几片形如太湖巨石的奇特涡旋，它们或为瀑布冲卷所为，而最左最大的石台 (fig...4)，台侧砌筑方正的石块，显是人工所为，而将山台拱起的如卷云般的湖石，也似搬运而来，这些湖石的涡旋褶皴，与整座石山的肌理，虽有唐突却不凌乱，或因它们与整座石山透漏的洞穴，有着类似的洞庭品相。

3

品山·居游

几十年后，宋徽宗在汴京所掇名为「艮岳」的巨山，亦以郭熙建议的集萃方式所掇，按照考据家的断定，其数里周长的规模，大致也类似李公麟《山庄图》的展开。

徽宗自记的掇山念头，相关渴望成仙的道教信仰，他认为，「海上有蓬莱三岛，帝王所都，仙圣所宅，非形胜不居」，而他所向往的仙居洞府，却不再是秦汉宫苑想象中的海外仙山——蓬莱、方丈、瀛洲，而是东南的山水形胜——天台、雁荡、凤凰、庐阜、二川、三峡、云梦，这些山川，散布在帝都之外的遥远东南，且相互距离过于分散，不易居游，这正是郭熙谈论原生态山水的不尽人意处，徽宗的掇山方式，就也是景点集萃，他要用艮岳假山集萃东南万里的居游胜景，以在平旷的汴京城中，掇出一座城市山林，作为日常起居的洞天福地，并以其求道遇仙。在《艮岳记》的末尾部分，宋徽宗描述的山居妙品，在这些假山沟壑间的谷底，在支流回溪的低洼之处，徽宗以两种景物描绘：

「岩峡洞穴，亭阁楼观。」

「岩峡洞穴」，或是山中仙道所喜的天然洞府，「亭阁楼观」，则为城市便利的人工居所，它们合成了人间与仙境相接的山居品相，也为米芾将城市园林书写为「城市山林」提供先声，在这些「岩峡洞穴」之间：

「徘徊而仰顾，若在重山大壑，幽谷深岩之底，而不知京邑空旷，坦荡而平夷也；又不知郛郭寰会，纷华而填委也。」

这一「不知京邑空旷」的空间迷宫，或许能置换桃花源「不知有汉」的时间忘却。宋徽宗这几里周长的艮岳假山，与汉唐圈围自然山水为苑囿的宏大相比，规模骤减的程度，不亚于艮岳与明清私家园林的压缩比例，但它所集萃东南万里形胜的居游密度，不但造就了宋徽宗自评其山的奇特态度，也为明清咫尺山林提供咫尺重深的信心：

「虽人为之山，顾其小哉！山在国之艮，故名之曰艮岳。是山与泰、华、嵩、衡等同，固作配无极。」

他意欲将这座人造的艮岳假山，取代道家的圣地之一——绵延五百里的北岳恒山，而与其余四岳并列。

4
品石 · 居游

颇得徽宗赏识的米芾，以瘦、绉、漏、透对孤石的品评，不但对白居易的「拳石当山」推波助澜，还与徽宗以花石纲为名目所掇的艮岳巨山一起，为后世庭园竖立了两种掇山楷模：

置拳石为观望之峰，
掇群石为居游之山。

就山水的居游品相而言，这两种规模悬殊的石与山，或许能够互通一品。以山水的居游为品，反品湖石拳峰，或有品山及石的反观统合：

「撮要而言，则三山五岳、百洞千壑，覼缕簇缩，尽在其中。」

白居易赏湖石之峰，就以「三山五岳」所集萃的「百洞千壑」，来标识它洞庭簇缩的居游密度。而在米芾品石的瘦、绉、漏、透四字里，除开「瘦」字所品，着眼于立石为峰的孤石品相外，余下的「绉、漏、透」这三字，皆可描述湖石涡旋洞庭的居游意象。

在《砚史》里，米芾对自己收藏的一方南唐古砚进行品评，这枚长高皆仅数寸的拳石（*fig...6*），米芾却名之以砚山，品亦如山。按亲见此砚的陆烜笔记，这座盈掌可握的峰石，不但有艮岳假山的洞庭气象，还颇具李公麟在《山庄图》里描绘的山居诸相——陆烜说它「峰洞相连」，已具洞庭暗通的居意雏形，米芾说它「下洞三折，可暗通上洞」，则有计成后来以「之」形折廊暗通山林的行游品相；砚山群峰间，又有方坛，陆烜说它「下隘上广，方平如砥，如可坐而游者」——这正是洞与台的山居佳配，砚山更奇的中峰居然——「如卷

fig...6 宋 · 米芾砚山《研山铭》局部

旗、如张伞」，形如华盖的中峰，亦是庇护身体居游的常见道具。毫不意外，陆烜还从中品出它桃花源的避世品相：

「疑其中有避秦世界，尤令人神往矣。」

这一令人神往的拳磊之石，有洞有台有卷，与李公麟的《山庄图》一样，它也自具园林洞庭的居游品相。米芾就用这枚拳山洞府，从苏仲恭处，换来一块颇具规模的府邸基地，在这片古木茂密的江边古基里，他造了座养老的居游庭园，以陈列他所收集的奇峰异石。

5

品山·峰岩

米芾最大的贡献，是针对杨万里提出的「城市山林两难兼」书写的匾额「城市山林」——他的砚山也预示了小中见大的城市山林的可能，这幅匾额如今还悬挂在他的故居镇江。与米芾一样择居镇江的明人计成，在其《园冶·掇山篇》里说——「有真为假，做假成真」，「有真为假」的理由，大致与郭熙类似——真山常有居游画意的不足，假山就有必要，「做假成真」的假山，就将以居游品相改造真山。童明在翻译霍布豪斯的《造园的故事》时，却惊讶地发现，作者在描述苏州园林假山时，既未选择留园著名的冠云峰，也未选择苏州大量有洞壑的假山，却选择了留园苗圃里一座盆景尖峰 *(fig...7)* ③，她或许觉得，这群「上小下大」的峰石，才符合五代荆浩对自然峰形的造型定义——「尖者为峰」，计成却在「掇峰」一节简短的文字里，两次要掇出「上大下小」的峰形险势，这才是苏州假山多半的品相，苏州园林诸假山，以环秀山庄假山的南部主峰最具此势 *(fig...8)*，它上大下小，如米芾砚山中峰四面悬垂，悬如一圈单坡廊顶，庇护着峰下溪岸间行游的身体。

fig..8 苏州环秀山庄假山上大下小之峰，自摄

计成随后谈及「理岩法」：

「如理悬岩，起脚宜小，渐理渐大，及高，使其后坚能悬。」

悬岩一样的「上大下小」，可视为峰悬四面的单坡简化。这类悬崖凹壁的单坡意象，在世界范围内，都曾是庇护物的原始意象，这类单面出挑的庇护所，类似于「广」字的象形，这个读音为「掩」的古字，象形了悬岩单边悬挑的空间意象，它被计成列入《园冶·屋宇篇》的一类：

「古云：因岩为屋曰『广』，盖借岩成势，不成完屋者为『广』」。

....

③ 此照片是童明依照原著照片去留园选择类似角度所拍摄。

fig..7 留园盆景假山，童明摄

悬岩虽不成完屋，却自具山居的半屋之象，等效于以「广」字象形的单坡廊形。若顶部挑石有坡坠之姿，则可得岩的「飞舞势」。比计成小五岁的掇山名家张南垣，他最传奇的掇山之例，就是出人意料地掇出了峰岩「上大下小」的飞动之势：

「曾于友人斋前作荆、关老笔，对峙平城，已过五寻，不作一折，忽于其颠，将数石盘互得势，则全体飞动，苍然不群。」[4]

吴梅村将张南垣这座假山峰形「上大下小」的笔意，指向荆、关老笔，而坚持要掇出悬峰挑岩的计成，在他的《园冶》自序里，首句就说自己——「最喜关全、荆浩笔意，每宗之。」两位相差五岁的掇山大师，都将掇山意象，指向五代荆浩、关全的山峦笔意：

传为荆浩的《雪景山水图》(fig...9)、传为关全的《山溪待渡图》(fig...10)，其峰峦皆有上大下小的卷云之姿，而被董其昌评价为——「郭熙画山如云」的云卷姿态，似乎亦出自荆、关笔意，郭熙《早春图》里的卷云般峰峦 (fig...11)，不但颇似前者，而从峰峦形状乃至构图来看，它几乎还可视为后者的宋代摹本。画家的郭熙、造园家的计成、掇山名手的张南垣，共同相中荆、关峰峦「上大下小」的姿态，并不意外，这些自然中罕见的卷云峰峦，原本最具山水的居游品相。

最合悬岩卷云姿态的掇山实例，在扬州片石山房的假山中段 (fig...12)，从陈从周的《扬州园林》来看，它或许还是修复时新掇，这座新山，面南池而北退，以「上大下小」法掇出险势，压顶之石，巨而垂卷，出挑之深，几过

fig...9 （传）五代 · 荆浩《雪景山水图轴》纳尔逊艺术陈列馆

fig...10 （传）五代 · 关全《溪山待渡图》，台北故宫博物院

....

[4] 清 · 吴伟业《张南垣传》。

fig...11 宋·郭熙《早春图》,台北故宫博物院

fig...12 扬州片石山房卷岩之势,自摄

半屋规模,垂卷之下,有矼步涉水,可资行游,又有立石如坐,可资居望,颇具郭熙行、望、居、游之品相,唯掇石皴纹稍乱,而有损卷岩山势,不如环秀山庄飞雪岩下的山意(fig...13)。

fig...13 环秀山庄假山一麓,郭嘉摄

6

品山 · 洞房

「岩者，有洞穴是也。有水曰洞，无水曰府。」

按韩拙这讲法，山居最惬意的「洞、府」两类，都可从岩里获取，只是有水无水的区别。卷岩既如单披半屋，两卷对合，则可合为一完整的石山房。这正是清代戈裕良发明的假山山洞造顶法，造法如拱券，戈裕良以此发券收顶法，批评用条石压顶山洞的收顶法，他的建议是：

「只得大小石钩带联络，如造环桥法，就可以千年不坏。要如真山洞壑一般，然后方称能事。」

近人常将戈裕良的这一建议，视为对计成掇山理洞的批评。计成在「掇山篇」里确曾专辟一节，以论「理洞法」：

「理洞法，起脚如造屋，立几柱著实，掇玲珑如窗门透亮，及理上，见前理岩法，合凑收顶，加条石替之，斯千古不朽也。」

计成建议的理洞法，虽以条石收顶如造屋，却将洞房的山意，寄托在洞壁起脚的「前理岩法」，亦即「上大下小」的掇岩法，洞房四壁的石岩，皆悬岩上凑，山洞仰视的形势，想来已接近戈裕良的环桥法，仅在收顶处——类似于西方拱券的拱心石位置，戈裕良一以贯之地要以石拱覆顶，掇如真山洞壑为能事，计成则「加条石替之」，以合凑洞房于山洞与房屋间的居意平衡，计成的山居平衡，还在洞壁的透漏掇法，虽是山洞，计成却要掇出「玲珑如窗门透亮」的居屋亮度。

在环秀山庄南北两座石峰内，戈裕良掇出两处洞房，从平面看 (fig...14)，南洞如葫芦空腔，东

口狭西肚阔，狭可行游，阔可穴居，两壁以涡旋掇洞代窗，却皆幽暗，拱顶如钟乳悬垂，真如天然洞穴；北山的石屋平面方正，墙壁亦如常屋砖砌笔直，除仰视拱隆室顶外，只有洞口掇成洞形 (fig...15)，其余实与常屋无异，且亦幽暗。

计成所理洞房，山意当居间于以上两穴，惜乎计成所掇之山实例无存，可以扬州小盘谷山洞，借比环秀山庄的洞房，小盘谷的山洞 (fig...16)，仅以条石收顶如常屋，洞壁却用计成的理岩法，掇出「上大下小」的壁卷岩势，壁上窗洞，大者亦以条石上挑下压，几如常窗明亮，

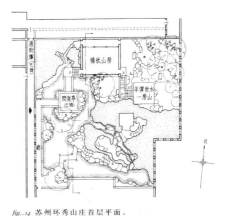

fig...14 苏州环秀山庄首层平面，
出自刘敦桢《苏州古典园林》

fig...15 苏州环秀山庄假山石室，邢迪摄

45

fig...16 扬州小盘谷洞房，自摄

窗两侧的石壁，则嵌透漏湖石，涡旋大小横斜不一，散漫置之，以佐门窗以湖石的透漏光亮。

与环秀山庄的一洞一房比形，它既非南洞形如天然，亦非北洞几类人工。戈裕良所掇山洞，重在真山洞形势，小盘谷所理洞房，重在山形与居意间平衡，就身体感受而言，环秀山庄的洞房，初见乍喜，却幽暗难居，而在小盘谷洞内，视觉平视于窗洞涡旋出的明暗间，就有洞天府地的日常悠闲，每次前往，常借烟思茶想，于洞内石桌凳间流连良久。

7

品山 · 石台

假山可居的妙所，除山内暗藏的洞穴外，以山间散置的石台为胜。

石台，在现存最早的中国山水画——隋人展子虔的《游春图》里 (fig...17)，还只是出现在山脚水岸边，而到唐代李昭道的《春山行旅图》(fig...18)、五代董源的《晴岚飞瀑图》(fig...19)、北宋郭熙的《幽谷图》(fig...20)，石台于山峦沟壑间皆有出现，自元代王蒙、黄公望开始，石台开始大量出现在山水里，在黄公望的《快雪时晴图》里 (fig...21)，山台占据整个画面的巅顶，它几如仙界，明人沈周以《魏园雅集图》(fig...22)，将山台醒目地带入园林想象中，而其弟子文徵明，曾以「意远台」的单独景点 (fig...23)，出现在他绘制的《拙政园三十一景图》里。这一在自然石山里颇为罕见的造型，却大量出现在中国历代山水画中，正说明山水画家，已习惯用居游的写意，来改造自然山水的写实。

环秀山庄嵌于峰峦之间的山台，皆与山内洞穴上下叠加，北山方形石屋之上，覆土植树，小有平坦处，可资三两人林荫居留；南洞之上，以「上大下小」法掇出的出谷石台，平坦可四五人对坐峰间，它头昂身平，蹲踞于峰峦间 (fig...24)。这类下洞上台的空间叠加，增加了这座假山的居游密度。

fig...17 隋 · 展子虔《游春图》局部

fig...18 唐·李昭道《春山行旅图》

fig...20 宋·郭熙《幽谷图》

fig...22 明·沈周

fig...21 元·黄公望《快雪时晴图》局部

fig...19 五代·董源《晴岚飞瀑图》，
清人摹本

fig...23 明·文徵明《拙政园三十一景图·意远台》

单就居游密度而言，小盘谷似还胜一筹，这座假山，从山洞内部看，西侧临池的外部山形，仅由墙壁厚的山石透漏掇成，洞内也仅以三根如柱大小的峰柱支撑，皆按计成掇峰法，上大下小掇成，一峰柱于洞西南，一分而出两洞 (fig...25)，西临石池有台可望，东接蹬道可折而攀行；另一峰柱，于洞中与西壁勾连回转，转成窗前西南小室，以石凳石桌置之；第三峰柱，在石洞中部偏西拱起，遂将北部山洞，分为狭阔两间，西北洞狭处，联通西与北两个洞口——各接以曲桥、矴步跨池来去 (fig...26)；东北洞阔处，峰柱与东壁相向两卷，卷出另一个倚壁石室。整座石洞，其洞虚与壁实的虚实比，比内外装修过的现代建筑毫不逊色。

这座石山，最合计成对石洞与石台的密度叠加法，它使得计成以石条收顶的理洞技术，还别有深意，在石条收顶的石洞平顶上，计成建议：

「上或堆土植树，或作台，或置亭屋。」

小盘谷山洞的空腔之上，是一方比假山基座还要大的山台——其大出的部分，正是掇山「上大下小」的工法所余，山台西北，置有山亭，可三四人小聚，惜乎位置不佳，难瞰山水；亭东南所余山台，则可供十数人论坛，台周由孤峰所掇的独立湖石 (fig...27)，虽可充阑干防护，亦可用作挂藤的石架，还为它留下九狮峰图的故名，却也使它们成为破坏整体山势的独石累赘，它们独峰林立的造型，或许模拟了米芾砚山拳峰峙立的群峰造象，却与环秀山庄假山峰峦一气呵成的山台气势，相去甚远。

fig...24 苏州环秀山庄假山之上山台，万露摄

fig...25 扬州小盘谷南部山洞，自摄

fig...26 扬州小盘谷北洞接矴步，自摄

48

fig...27 扬州小盘谷峰台乱象，自摄

8

品山 · 远近

明末盛行的拳石峙立的假山风气，并非由造园规模缩小所致，文徵明《东园图》占地小可的庭园 (fig...28)、米万钟《勺园修禊图》里颇有规模的园林 (fig...29)，都以湖石孤峰，来点缀山意。与张南垣一样，计成也批判这类拳山，并尝试着以介于拳石与假山之间的峭壁山，来解决隙地掇山的画意问题：

「峭壁山者，靠壁理也。藉以粉壁为纸，以石为绘也。理者相石皴纹，仿古人笔意，植黄山松柏、古梅、美竹，收之圆窗，宛然镜游也。」

苏州博物馆的峭壁假山，按贝聿铭自己的讲法，虽取象于米芾的《春山瑞松图》(fig...30)，却立意于计成这段「峭壁山」文字，贝聿铭从中摘出「以粉壁为纸，以石为绘」的石绘手法，为苏博掇出一座现代峭壁山 (fig...31)，可与计成的上述文字相比照。

苏博靠壁所理假山，颇得计成「理者相石皴纹」之计，尤得中国山水发展千年的远近法。若不以贝氏摹本的米芾之山，而以马麟《夕阳秋色图》的远山比照 (fig...32)，则其皴、色、形之远近三法，皆显宋人笔意：

1··· 以皴纹考，前排石纹，横斜如劈；后排片石，渐趋光滑无皴，颇合郭熙「远山无皴，远水无波」之皴法远—近；

fig...28 明 · 文徵明《东园图》

fig...29 明 · 吴彬《勺园祓禊图》

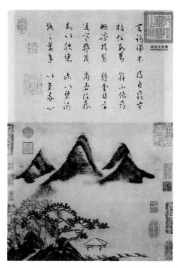

fig...30 宋·米芾《春山瑞松图》，台北故宫博物院藏

fig...31 贝聿铭设计，苏州博物馆假山正面，周仪摄

fig...32 宋·马麟《夕阳秋色图》

fig...33 宋·范宽
《溪山行旅图》绢本，
浅设色画，
现藏台北故宫博物院

2… 以色泽考，前排诸石，赭褐相间，有古墨浓情；后排片岩，色彩渐浅渐淡，淡成远灰几片，遂得荆浩「近浓远淡」之墨法远一近；

3… 以石形考，前排褐石，皴皱稍繁；中片薄石，形状趋简，仅砑少许凹凸；最远靠壁数片，则简净如淡影，似有沈周「近繁远简」之形法远一近。

至于石之雕琢，工法亦精，前排诸石，朴拙不雕；中排几片，磨下而留上，遂有上深而下浅之色差；最远一排，则通体磨平如砥，待其前后交叠，磨面之间的色差，在深浅有无之间，竟隐有范宽《溪山行旅图》山间雾气升腾之虚白气象 *(fig...33)*。有此三法一工，自苏博门厅内静观，则片石如山，远近层叠，尽收圆门，以应计成「收之圆洞」的峭壁山意。

于此所得静观画意，却于山前横桥向山左巨亭的行游斜视间，骤然变形 *(fig...34)*，一时间，群石失位，崩如散兵游勇，惟见上深下浅的工法磨痕。静摹绘画的绝美画意，却经不住园林行望居游之动观品判。[5]

fig...34 贝聿铭设计，苏州博物馆假山侧面，周仪摄

....

[5] 此段「品山·远近」文字，曾以「品园小记之一：品苏州博物馆假山」之名，在《风景园林》总103期发表。

9

品山 · 深远

苏博假山的三角形片石，从形状上虽类米芾的《春山瑞松图》，而从其层峦重叠的构形上，却更接近黄公望《九峰雪霁图》里的「深远」构形 *(fig...35)*。

「自山下而仰山颠谓之高远，自山前而窥山后谓之深远，自近山而望远山谓之平远。」

郭熙提出这「三远」，却并非要描述三种差异的山体构形，而要描述山势在身体位置改变中的观感变化：

「高远」，身体在山下，视觉为「仰」，仰向山巅；
「平远」，身体在近山，视觉为「望」，望向远山；

「自山前而窥山后」的「深远」，身体的位置却不甚明确——它可能在两层山峦之间，也可能逼近前山，身入山间的视觉，也不如前两者明确，郭熙用一个「窥」字，来窥视「深远」，以别对「高远」的「仰」、以及对「平远」的「望」。「深远」之「窥」，并非不仰不望，而是身入前山后山之间，

所仰所望的山峦，皆被山势所逼，而不能窥全，郭熙因此说——深远之意重叠、深远之色重晦、深远之象细碎。

从这一身体所在位置的观感考量，贝聿铭虽意欲以层峦构形「深远」，却将视点置于身处旁观的远望位置，视觉完整的片山，遂在近大远小的远小中，小成微观的「平远」全景，而斜桥旁视的一览无遗，也抵消了黄公望山水的深远笔意。

黄公望的「深远」山水，与倪瓒的「平远」山水 *(fig...36)*，几乎二分了元代的山水格局。今人从张南垣掇山的「平冈小阪，陵阜陂陁」八字意象，论述其有倪瓒画面的「平远」之意，而曹汛摘引的四条清人文献里，却另有解析：

1··· 《无锡县志》所记「云间张南垣涟，累石作层峦沟壑」；
2··· 《嘉兴县志》记「涟一变旧模，穿深复冈」；
3··· 《张翁家传》载其「虽在尘嚣中，如入岩谷」；
4··· 《图绘宝鉴续纂》载其「半亩之地，经其点窜，犹居深谷」。

前两条所讲张南垣掇山之法——层峦沟壑、穿深复冈，却分明要以「层峦」「复冈」构形前山后山间的「深远」；后两条所讲山中感受——如入岩谷、犹居深谷，也是身体深入山间的「深远」感受，而非「平远」的旁观远望。以「平冈小阪，陵阜陂阤」这类「平远」图像，张南垣如何能构造出「大山一麓」的深远感受？曹汛从《张南垣传》摘出的「截溪断谷」，字字关键，「溪谷」两旁之山，常常相互逼近，山虽几丈，已能「截断」视觉，张南垣所用截断之物有三：

「缭以短垣」「翳以密篠」「犯轩楹而不去」。

截溪断谷之墙之轩，常高于人，墙山相截，轩山相犯，就能将几丈之高的山麓溪谷，截成仅能窥视——色重晦、象细碎、意重叠的不尽深远。

环秀山庄掇山「深远」的妙法，也在于此。从山顶平面看 *(fig...37)*，整座大假山，暗分三座，东南最大最低，依墙垣曲尺形而曲折；西北横山最小，与东山高低逶迤；西南主山，方圆规模居间，而主峰最高。三山之间，尽为沟壑洞穴，于洞穴间固然只能窥见只崖片壁，于沟壑间也只能仰视峡谷一线，假山东北两面，山峦逶迤之势，被曲尺高墙所截 *(fig...38)*，山则远有难穷余势；假山往西，视觉亦被两层高廊所截，仅可窥西北沟壑间大山一麓 *(fig...13)*；假山以南，按王欣对我的提醒——从杨鸿勋复原的

环秀山庄总图里看，隔池逼山之地，当年曾有长廊轩楹横截假山，假山遂不能窥其巅顶，则高有不尽之气势 *(fig...39)*，其要在轩山相逼，其望既窥视难全，所见意象则琐碎而重晦。

10

品山 · 气势

假山深远不尽的气势，不计规模，乃由造法决定。

在计成最小的峭壁山里，它是——「虽由人作，宛自天开」；在宋徽宗的恢宏巨构的艮岳里，它是——「参诸造化，若开辟之素有」。中国掇山理水的最终摹本，总是要追溯到开天辟地的创始神话，中国地貌东南低而西北高的造化特征，被归为共工怒而触不周山的崩塌结果，天工以此剧烈方式开山川、辟沟壑，天崩地裂之时，板块拱起，各有断裂，断而分峰峦，裂而成沟壑——此即环秀山庄假山峰峦沟壑的生成法：

环秀山庄假山三分的造化，即如整山崩裂而成，裂三山而成丫形沟壑，裂力不匀，遂分勾连、断绝两象——东南与西北两山，半断半连，断而成两峰，连而成蹬道 (fig...40)，可供行望，可资攀游；西南之山，则与东、北两山彻底断裂，断而成沟壑，壑斜东北，引水成山涧，顶部绝壁处，以上大下小之石梁，拱跨西北横山 (fig...41)，拱而成涡旋，上行可为拱桥，下望则为石梁拱洞；又以条石为桥 (fig...42)，跨壑与东南峰连，连而通天堑，它们不但为这座拱起不过半亩之山，造化出沟壑上下七八十米的行游路径，沿途还集萃了——洞穴、石室、溪谷、深涧、曲岸、蹬道、危径、天堑、飞梁、山台、绝壁——这些密集的山居景致，却全然没有集萃的造作痕迹。

天地造化的磅礴余力，还造化出三峰一致的气势——东南峰岩，东高而西低，西南高峰，分而为前后，前峰西高而东低，如狮蹲伏而起；后峰西低而东高，如兽攫突而怒，无论前峰后

fig...42 苏州环秀山庄假山天堑，自摄

峰，无论高低起伏，它们却皆作西北倾斜之姿
(fig...43)，就有「群山万壑赴荆门」的整体奔赴
的磅礴气势。狮子林假山上的诸石的狮像，错
会了开天辟地的气象，这气象不是要模拟万物
的形象，而是模拟天工造化不尽的余力，它们
既蕴涵在白居易在太湖石里发现的——「如虬
如凤，若跧若动，将翔将踊，如鬼如兽，若行若
骤，将攫将斗者」——这些天然动势里，也表现
在张南垣掇山时有意为之的——「伏而起，突
而怒，为狮蹲，为兽攫，口鼻含呀，牙错距跃，
决林莽，犯轩楹而不去」——的人造动势中，它
们为中国的人造假山，勾画出万壑归宗西北昆
仑、以及万流归赴东南大海的总体格局，这是
共工触不周山之——天柱折，地维绝——之后
的山水余势：

「天倾西北，故日月星辰移焉；地不满东南，
故水潦尘埃归焉。」

fig...43 苏州环秀山庄假山西倾之势，自摄

品山·不尽

共工断地裂天的神话之后，后来被女娲补天的
神话补漏，女娲所用五色石补天漏洞的传说，
发端了中国最神秘的玉石文化——有别于世
界通行的石器时代的技术倾向，我一直认为，
中国两种特殊石——相关身体肌肤色泽的玉
石、与相关身体骨骼空腔的湖石——的文化之
间，或许有条从神话到仙话的身体线索。

「仙」字在秦汉神话里，相关「死亡迁化」的大
化含义，到魏晋已变成「山人为仙」的长生仙
话——这是陶渊明写出《桃花源记》的田园时
代，也是谢灵运为山居山人撰写《山居赋》的山
居年代，这是刘勰宣称「老庄告退，而山水滋
生」的山水年代，还是李公麟在《山庄图》里描
绘佛教结社的论禅时代——按李丰楙在《仙境
与游历》里的诠释[6]，相关洞天福地的仙话传
说，就发端于魏晋南北朝，魏晋文化南迁的江
南一带，其溶洞地貌，支持了仙界与洞窟的天
地关系，其中被罗列的仙山，首要几处，就在
太湖附近，秦汉遥远的海上仙岛，如今以仙山
洞府的姿态，与江南太湖石的涡旋发生关系，
而仙窟的关键，就在于穴脉暗通——有洞穴与
别的仙山相暗通，也决定了太湖石涡旋密布的
双重价值——暗通神山而有遇仙成仙的长寿
机会，或模仿神仙居游于山洞的洞府间，修炼
成仙——这是米芾砚山洞穴暗通的洞庭气象。

洞庭一词，按中医的身体讲法，有肚脐意，它
可通过胎盘与母体子宫相连，直至生命孕育
的时间初始；按风水的形胜讲法，洞庭则为
穴脉，通过地下山脉的支脉脉象，就能与中

……………………
[6] 李丰楙，《仙境与游历——神仙世界的想象》，中华书局，2010 年，北京。

国空间最终的神话母本——昆仑神山秘密相通。以此为山水脉络的风水，指引着中国阴宅阳宅乃至造园的掇山理水，即便尺麓勺水，亦可借山纹水脉暗通昆仑，连接为深远气势的空间不尽，以连接神话或仙话中的时间永久。

与计成同时代的画家吴彬，曾以《十八应真图》来描摹罗汉的仙佛道场 (fig...44)，其洞穴暗通的局部场景，常被拿来与李公麟描述白莲社的《山庄图》比类，它比后者更加简练，它剔除了一切无关居游密度的残山剩水，也剔除了一切相关人工居游的亭台楼阁，它几如湖石皴纹的透漏放大，就构造出暗通天地的洞天福地。它的山水尺度，与《山庄图》相比，虽近乎家具小品，却不减其山水气势，这气势就源自其山水暗通的不尽脉络：

那位白眉长寿的罗汉所在的精舍仙窟，正是洞穴与山台的经典组合，洞穴岩卷如云垂，卷如石梁的垂弯，弯成罗汉身前的扶手，罗汉身下的山台，也层叠成蒲团的褶皱模样，而那条在老者背后的瀑布如白练，似将老者包裹，又从蒲石下席卷而出，这匹几如衣裳的小片瀑布，与那两件近乎家具的扶、坐山石，却以绵延的席卷姿态获得无尽的山水气势——它们从外部被画面所截不知其高，从内部被洞穴所藏而不知其深，似与道家仙窟秘响旁通。

12

品山 · 山岛

石山最小尺度的居游品相，从五代开始，就常以家具形貌与身体发生起居关系。李渔的《闲情偶寄》，就将「山石」一篇，置于「居室部」，其「零星小石」一节，是专为贫士之家所设用器，除开以小石为椅为榻、为几为阑这类建议，他还细致到将女性主义者喜见的「捣衣之砧」纳入其中，效仿东晋王子猷劝人种竹，李渔要劝人立石，以尽石可起居的器用之相。李渔尽管没对这些器用小石提出气势的指令，却在另两处大致谈及立石总局——在「小山」一节，言及掇石之势，在于「斜正纵横之理路」，以谋求整山一体的气势；在「石洞」一节，他特意谈及洞内小石的气脉所在：

「如其太小，不能容膝，则以他屋联之，屋中亦置小石数块，与此洞若断若连，是使屋与洞混而为一，虽居屋中，与坐洞中无异矣。」

这一将散落的器物山石，以断连的气脉与山洞混而为一的方式，不但类似于《十八应真图》的山石气势，也类似于环秀山庄假山断连之间的总体气势，而其南部山洞内的椅几之石 (fig...45)，正以李渔建议的气脉，与整座假山洞壑混为一体。

fig...44 明 · 吴彬《十八应真图卷》局部

fig...45 环秀山庄假山洞内家具与
山势关系，曾仁臻摄

相比之下，日本庭园矴步置石，虽合千利休——六分便利，四分造景——的用石律令，也有郭熙的行、望两品——行为便利、望须造景，却无力控制群石的总体气势。单组矴步，虽不乏蜿蜒妙象，几组矴步重叠，就常常失控，桂离宫笑意轩前的立石 (fig...46)，几组矴步交错轩前，尽管每组矴步的来去皆有路径可考，但总体意象却凌乱失控。苏州拙政园见山楼廊之下，亦有山石与柱接的关系 (fig...47)，却先以黄石掇出石山峰洞的总体气势，后以廊柱长短以就山势高低。

从功能言，桂离宫古书院前跌落的矴步石 (fig...48)，与苏州留园五峰仙馆前的云步一样 (fig...49)，都为调节建筑与庭院间高差所用；从造型看，古书院前散置的矴步石，石形俱佳，但石组之间，却难掇山势，五峰仙馆前混掇的云步，几难分辨单块石头的品相，其势却如基旁小山，虽为馆基所截，脉象却意欲与南北两山暗通，这一以众山间断续的余脉来混成一体的山势，是中国园林掇山理水的基本起势；从品相评，留园这组云步石组，也有别于日本常见的散置矴步，在中国，散置的矴步，多用于溪流沟涧等水面，以求涉水之用 (fig...3、fig...26)，日本造园，在将这些水中矴步引入枯山水时，还相当自然，而将它们引为庭园露地常用的布石，则耐人寻味。

fig...48 桂离宫古书院前矴步，自摄

fig...46 京都桂离宫笑意轩布石，
自摄

fig...47 苏州拙政园见山楼廊山
与柱接，自摄

fig...49 苏州五峰仙馆云步，臧峰摄

日本四周环海的地理格局，虽不乏群山万壑，但总势为岛，就难有中国西北高而东南低的山水形胜，日本庭园虽有不少源自中国的一池三山 (fig...50)，也不乏佳形，但那些鹤龟池山，虽名为山，实则常有海中孤岛之象，与日本环海的磅礴气势相比，模仿中国掇石以谋山势，实不如立石象岛来得自然，龙安寺的石组精妙 (fig...51)，正在于以白砂为海所衬出的岛形。

fig...50 京都金阁寺庭园池山如岛，自摄

fig...51 京都龙安寺石庭，自摄

理水两相

Two Assessments of the Water Arrangement

*

＊首次发表于《建筑师》2015年第03期，总第175期，82页

日本庭园青睐"大海样"的池岛景象，而中国庭园更迷恋山水一体的山水胜景，这是中日庭园掇山理水的意象性差异；中国人迷恋身体进入庭园的山水居游感受，日本人更愿意在建筑中静观庭园景物，这是中日庭园掇山理水的使用性差异。

这两点差异，造成中日庭园理水在池形岛样等各种细节处理上的差异。

While the Japanese favor the ocean style (taikai no yō) which is characterized by the scenes of ponds and islets in their gardens, Chinese people are fascinated by the grand shanshui, an integrated entity that involves mountain and water as interactive dyads. The two methods of dealing with mountain and water create different atmospheres in Chinese and Japanese gardens. The Chinese are obsessed with the experiences of dwelling and strolling among the mountains and waters which engage the participation of their bodies, while the Japanese tend to appreciate the sceneries of gardens when sitting steadily inside the buildings. This is the difference of the arrangements of mountains and waters between Chinese and Japanese gardens in terms of the way the garden is used. These two differences have caused a variety of differences in details such as the shape of the pond and the form of the islet.

1

假水两相

为什么中国园林嗜掇假山，而日本庭园好理假水？

宋徽宗的艮岳假山，开启了假石为山的先河，但叠石为山的假山风气，却要到几百年后的明清才真正风行；日本枯山水的定义，虽在平安时代的《作庭记》里就已提出，但枯山水的两件代表作，也要等几百年后的室町时代才相继出现。与计成将假山作为《园冶》开篇自序议题不同，日本后世庭园理论，从未将这两类白砂勾纹之水称为假水，而名之为枯山水。

龙安寺方丈石庭的枯山水 (fig...52)，产生于十五世纪中叶，白砂钩耙的层层波纹假水，不但沿方庭长边平行展开，以模拟平视海岸的平行浪线，还在其间散置的拟岛孤石，勾勒出鸟瞰时才能想见的一圈圈环岛的平行浪线，这两种视角的两类颇为抽象的平行水纹，它们曲直相接，勾勒出抽象的大海水样；五十年后，大德寺的大仙院产生了另一件枯山水作品 (fig...53)，相比于龙安寺枯山水对无边海洋的

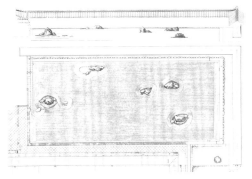

抽象模拟，它更接近对沟壑间的山水写实——远处一块白色竖纹瀑布石、中景密集错落的滩石、近处一片跨池石桥，它们与远近几块巨石夹出的沟壑一起，将这些沟壑间的水纹白砂，相当逼真地模拟出瀑布、溪涧这些山间曲水的常见式样。

这两件作品，品相不一，龙安寺方丈石庭的枯山水，池面平远开阔，它可用《作庭记》里的「大海样」描述，比之于寝殿造常常面积各半的池岛配比，龙安寺石庭置石与拟水白砂十不及一的悬殊配比，更接近大海与孤岛常见的「大海样」；大仙院方丈石庭的枯山水，池形深远曲折，池石间的沟壑气象，更近似于《作庭记》记载的「山河样」，从品相上，它也更接近《作庭记》对枯山水的原始定义：

「于无池无遣水处立石，名曰枯山水。此枯山水式样，乃先做断崖、野筋等景，再因顺其势，立石而成。」

从这个定义看，日本早期枯山水，似非以白砂勾勒水纹而成假水形状，而是要以无水石池以象石间水意，从其「因顺其势，立石而成」的生成法来看，它虽能生成大仙院这类「山河样」的枯山水，却难以推导出龙安寺这类「大海样」枯山水，而龙安寺枯山水的「大海样」，竟先于大仙院枯山水的「山河样」而产生，这时间反常，已值关注，而其造型特殊的「大海样」，也与枯山水里的山水二字并不匹配，其立石为岛的岛相，不但有别于中国拳石当山的山相，其两种平行波纹的水形，也迥异于中国山水绘画里常见的山间溪涧，这些差异，很难从枯山水受中国山水影响的笼统说法里得以厘清——无论是中国山水盆景还是山水绘画，都很难为龙安寺「大海样」的枯山水谋求海样原型——相比之下，大仙院被誉为水墨画之庭的枯山水意象，倒确有唐宋以来中国山水画常见的山形水势。

fig...54 隋 · 展子虔《游春图》局部

2

画水两相

苏轼历数唐宋以来画水作品的优劣：

「古今画水，多作平远细皱，其善者，不过能为波头起伏，使人至以手扪之，谓有洼隆，以为至妙矣。然其品格，特与印板水纸争工拙于毫厘间耳。」[1]

苏轼将描绘水纹浪头的水图，讥讽为「印板水纸」，却认为唐人孙位画水，有所不同：

「明广明中，处士孙位始出新意，画奔湍巨浪，与山石曲折，随物赋形，尽水之变，号称神逸。」[2]

无形之水，在其「与山石曲折」的「随物赋形」中，尽得水变形态。东坡批判那些画水的「平远细皱」，如今还可从隋代展子虔的《游春图》*(fig...54)*、唐代李思训的《江帆楼阁图》里看见*(fig...55)*，整个画面之水，无论远近，皆以类似的鳞形水纹平行填满，后者的鳞形网格虽有近大远小的细微变化，但确实很像苏轼讥讽的「如印板水纸」。

东坡赞誉的孙位画水，已不可见，但从五代画家关仝与巨然的山水，尚可想见与山石曲折而赋形之水，关仝的《关山行旅图》*(fig...56)*，沟壑远处水中的数块立石，虽没绘出激流的水纹痕迹，却因其池岸沟壑的高下之势，为这些布石间无形之水，生成出湍流萦回的流水意象。即便在北宋，早于苏轼的李成，其绘制的《晴峦萧寺图》*(fig...57)*，也全不绘波纹，除山间瀑布以水线简单勾勒外，其余沟壑间或宽或窄的水面，近乎平涂的无纹底色，却有水雾升腾的激流气象。

....

[1] 宋 · 苏轼，《书蒲永昇画后》。
[2] 同上。

元人王蒙绘制的《葛稚川移居图》，也几乎没有勾画水纹，如果只截取瀑布以下的留白水面 (fig...58)，它几乎可以视为大仙院「山河样」枯山水的泛黄摹本，就此而言，大仙院这件「山河样」枯山水，并不一定非要用白砂勾勒山间波浪水纹，有了立石象形的沟壑、滩头、石桥等意象，即便没有白砂勾勒的假水波纹，这些庭院立石之事，也能因顺山石的曲折气势，将留白之处生出沟壑的激流水意，作为证据，日本后世的另一件枯山水作品——孤蓬庵直入轩南庭

fig...55 （传）唐 · 李思训《江帆楼阁图》，绢本

fig...56 五代 · 关全《关山行旅图》局部

fig...58 元 · 王蒙《葛稚川移居图》局部

fig...57 北宋 · 李成《晴峦萧寺图》局部

的枯山水 *(fig...59)*，就没使用白砂钩耙水纹，仅仅假借近处一块坛石，以及远处一座小桥，就将这片平坦的黄泥露地，勾勒成雨后染土的溪间洪流，但我们却不会将它误认为「大海样」，这也使得龙安寺枯山水「大海样」的平行波纹不可或缺，大海无边的平行波纹，并非由山势带出，若没有两种大海特有的浪线，我们实在很难将龙安寺的几组孤石想象为被海浪环绕的孤岛意象，这两种曲直不一的平行波纹，是对几乎无物假借的「大海样」水形的必要描摹。

fig...59 京都孤蓬庵直入轩南庭枯山水，
转自重森完途、石元泰博《枯山水之庭》，
株式会社讲坛社

3
山水抉择

中国山水画家，很少描绘「大海样」的无边海浪，理由或如宋人韩拙所言，以其尺度难与山匹配为山水：

「夫海水者，风波浩荡，巨浪翻卷，山水中少用也。」③

在中国山水画史里，南宋的马远，却专嗜画水的波纹卷浪，这或与他定居钱塘有关，钱塘开阔的水面，已接近海面，钱塘大潮翻卷之浪，也接近海涛。马远的《水图》系列，那幅「云生苍海」的怪诞海样 *(fig...60)*，确实具备「大海样」枯山水的海浪平行的基本特征，最接近海浪翻卷的画幅，却是「云舒浪卷」与「层波叠浪」*(fig...61-62)*，它们很可能招致苏轼——不过能为波头起伏——的轻蔑，而要深究浪纹源流的宋人董迪，对这两类难查源流的孤立浪卷，或许还会刻薄地讥讽其如——「翻之沸汤」。但这两种颇被中国文人蔑视的水纹浪卷，不但是日本后世枯山水常用的假水技法，也是日本后世浮世绘绘水的常用技法，或许是岛国的地理原因，葛饰北斋绘制的《神奈川冲浪里》*(fig...63)*，海浪席卷之姿，竟有翻船覆山的骇人气势。

中国山水，试图描摹天倾西北、地斜东南的山形水势，并将山水视为山水互成的一体关系，而对「水潦尘埃归焉」的东瀛海屿，即便那里有秦汉想象中的海山仙山，但岛在汉语里的「鸟山」含义，也说明中国文化将海岛视为山水倾斜在海中的未尽余脉。而日本岛国的地理，主要形势，却是岛外环绕无穷的海洋，以及永不停息的环岛卷浪，这些席卷海岸的反卷之势，

....
③ 宋·韩拙，《山水纯全集》。

fig..60 南宋·马远《水图》系列之"云生苍海"绢本

fig..61 南宋·马远《水图》之"云舒浪卷"绢本

fig..62 南宋·马远《水图》之"层波叠浪"绢本

fig..63 葛饰北斋《神奈川冲浪里》

也阻碍了将洋流视为岛山生成的山水意象,这一孤岛地理的先天差异,修正了中国山水文化对日本岛国的全面影响,也造成中日庭院关于掇山理水的第一种取向差异。

译注了日本《作庭记》的张十庆,将它与五百年后中国造园经典《园冶》比较时,指出两者在山水间的差异选择:

计成虽将「池上理山」视为「园中第一胜」,却只将它杂入掇山篇里,计成并没打算设立与「掇山篇」对称的理水篇幅,似乎表现出重山轻水的轻重比例;相比之下,对于《作庭记》曾被改写为《园池秘抄》这件轶事,张十庆说,从《作庭记》重池的内容上看,《园池秘抄》这个名字,倒更为准确,《作庭记》虽还曾有《山水抄》的别名,但从其十二篇的篇名来看,却无一名与山相关;即便从内容考察,其所言山水事,也皆多水事;而所占篇幅最多的立石,也并非白居易的拳石当山,而是以石像岛,以池像海;它虽以立石描摹出五种理水的池样,却果断地将「大海样」置为第一样;张十庆还观察到,《作庭记》对池石整体意象的描述,就来自对日本海岛地貌的「大海样」参照:

「池石本是模自海状。」

4

观感两相

在最近一次讲座里，童明将龙安寺「大海样」枯山水的两张照片并置，一张是实景照片，另一张是将它微缩为盆景大小的照片 *(fig...64)*，童明认为，比例悬殊的两张照片，从观感而言毫无分别。我模糊地意识到，龙安寺「大海样」的枯山水，或因摒弃了身体进入的可能，才蜕变为身体旁观的视觉对象，它的微缩才不太影响观感，若将大仙院「山河样」的枯山水也进行类似压缩，牺牲却相当明显，那座石桥的微缩，将立刻失去载人的尺度，就不再能将人带入庭园山水间进行身体进入的行游感受。

从南朝宗炳的「卧游山水」，到北宋郭熙的「坐穷泉壑」，中国山水品相，首先改变的就是身体面对山水的姿态——从「卧」到「坐」，宗炳所在的南朝，中国尚处于以地板为床榻的时代，适宜身体静观的「卧游」，而郭熙所处的北宋，高足家具的引入，则变「卧」为「坐」，郭熙「坐穷泉壑」的坐姿，比之于宗炳「卧游山水」的卧姿，更容易被景物所诱，起身从「不下堂筵」的堂筵下来，进入山水行游，这正是郭熙设置泉壑的目的——「见岩扃泉石而思游」，身体从「卧」到「坐」的姿态改变，身体面对的景物对象，也从宗炳「卧游山水」中的「山水」，改写为郭熙「坐穷泉壑」里的「泉壑」，比之于「山水」属于远观分类的模糊，郭熙

fig...64 龙安寺枯山水微缩

的「泉壑」，则是身体进入山水间可感的具体景象——以泉言水事，以壑言山事。

在中国，正是这一身体进入山水居游的愿望，使得明末的中国造园家，在面对城市山林用地规模的急剧压缩时，却大力批判白居易最具压缩潜力的拳石当山，以其不能满足身体进入的感知需要，居游其间的身体，自此为中国庭园山水设定了不可压缩的尺度底限，张南垣的截溪断谷、或计成所掇壁山，都具备身体居游其间的山水尺度。

在日本，宗炳「卧游山水」的席地坐姿，却一直延续至近代，它拉开了庭园池岛与观望身体的距离，而日本后世庭园将池岛视为彼岸世界的宗教想象，也强化了身体与庭园的隔阂，它们促使日本放弃了将池岛作为生活场所的唐宋习惯，而倾向于在堂上静观池岛，从张十庆为《作庭记》补注的一系列寝殿造庭园生活的插图来看，那些绘制于十四世纪之前的画面，庭园池岛曲水间还偶有热闹的生活场景，而十四世纪之后的多数画面上，庭园景物不再是生活其间的自然场景，而成为身体旁观的凝视对象，在《春日权限验记绘卷》描绘的场景里 *(fig...65)*，人们大多席坐于堂中或缘侧，观望庭园景物，就在右下角缘侧的庭左，赫然就有一盆盆景模样的微缩山水。

fig...65《春日权限验记绘卷》
局部，转自张十庆著
《作庭记》注释与研究》

或许，对身体旁观的视角来看，观望池庭山水，与观望盆景山水，本无太大的观感区别。

5

咫尺方丈

是进入还是旁观庭园景物的身体差异，使得用一样的「小中见大」，来描述日本枯山水与中国明清造园的咫尺山林，颇为可疑。

日本枯山水这两件早期代表作——龙安寺枯山水与大仙院枯山水，它们分别所在的龙安寺与大德寺，皆位于京都西北近山临水的用地，且两寺用地皆广，因此，既不能用京都缺水来解释其枯山水的取样选择，也不能用用地局促来解释两者的方丈石庭之小。

这两件枯山水石庭，皆属于寺院方丈庭园，具有中国庭园很少明确过的宗教属性，「方丈」二字，在中日园林历史上的意义演变，不只关涉到面积的巨变，还混杂有从空间意象到身份属性的两种含义，「方丈」作为秦汉苑囿对海上仙山的想象时，按《十洲记》的说法，它最初是座边长各五千里的巨型岛山；而在佛教经典《维摩诘经》的记载里，它才演变为维摩诘居士的咫尺居所，按高诱的注释，它竟压缩为长宽高各一丈的立方体空间，却神奇地能容纳二千师子之座；到龙安寺与大仙院的「方丈」一词，既有后世寺庙住持方丈的职位含义，也有方丈居所的空间含义，而从属于宗教寺庙的方丈石庭，其不可思议的小中见大，来自对维摩诘居士以咫尺居所能容二千师子的宗教观想，而与明清中国园林要在咫尺空间内经营咫尺重深的空间感受截然两样。

于方丈室内凝视石庭景物的视觉想象，既需要将石庭式样控制在一定规模，以观望完整的式样，也因放弃了身体进入山水的尺度底限，使得它们很容易嫁接白居易「拳石当山」里的想象部分，在这两件隶属于方丈石庭的枯山水作品里，拳石分别扮演了两种角色：

白居易的拳石当山，使得大仙院方丈石庭可以置石来模拟山势，并夹出「山河样」的沟壑式样，而沟壑前的可上人小石桥，使得模拟沟壑的当山之石，在桥上看，总要高于人的尺寸才有当山感受，这或是橘俊纲要求山河样的用石尺度以车载巨石为佳；而在龙安寺「大海样」的枯山水里，拳石当山，则被顺理成章地置换为拳石当岛，因为彻底放弃了身体进入岛石的机会，这拳石就彻底蜕变为视觉的观想之物，它就只需要按照「大海样」池石间的理想比例进行缩放，它避免了早期寝殿造池岛因将岛视为舞台而总有岛大池小的的「大海样」遗憾，尽管龙安寺方丈池庭比任何寝殿造的池岛规模都有压缩，但这次从生活之岛向象征之石的比例压缩，才真正可观，龙安寺池石的比例 (fig...66)，就比任何寝殿造的池岛更接近「大海样」，它是对日本海岛地理近乎完美的「大海样」模拟，很难再用「方寸之地幻出千岩万壑」这类山水套话套现。

fig...66 龙安寺枯山水池岛比例，自摄

中日庭园理水的诸多气质上的差异，源于以下两点，它们造成中日庭园理水的池形岛样处理的各种细节差异：

1··· 日本庭园青睐「大海样」的池岛景象，而中国庭园更迷恋山水一体的山水胜景，这是中日庭园掇山理水的意象性差异；
2··· 中国人迷恋身体进入庭园山水居游感受，日本人更愿意在建筑中静观庭园景物，这是中日庭园掇山理水的使用性差异。

6

山岛两相

唐人方干说：

「常闻画石不画水，画水至难君得名。」

水本无形，几不可画，画石不画水的画水法，亦是中日庭园理水共通的池形法，理水之形，实由立石的取样而显，龙安寺与大仙院的方丈石庭的枯水两相，正因立石象岛或象山的取样差异，遂将一样的白砂水纹，理出环岛海水与山间流水的差异水相。橘俊纲深谙此道，他说——水随器物成形，《作庭记》就以描摹大海作为立石的取样，以此成就出五样池样：

大海样、大河样、山河样、沼泽样、苇手样。

关于庭园理水应选哪种式样，橘俊纲认为「殊为可笑」，橘俊纲的建议是——依池形地状，一庭之上，往往可以多样并用。但他将「大海样」视为首样的选择，还是影响到他随后的池岛石样，他在第四篇「岛姿诸样」所列前四种——山岛、野岛、杜岛、矶岛——里的岛名，已可辅佐「大海样」的海样岛姿，而其第一类「山岛」的命名，在山与岛之间，还明确表明其「视山为岛」的海状取样。

与「视山为岛」的海状取样不同，中国沿用至今的「一池三山」，却显示要「视岛为山」的山水取样，被计成视为园林第一胜景的「池山」，虽最接近《作庭记》为日本寝殿造谋划的「池岛」，但计成在《园冶》通篇里却没提到一个「岛」字。

「池上理山，园中第一胜也。若大若小，更有妙境。就水点其步石，从巅架以飞梁；洞穴潜藏，穿岩径水；风峦飘渺，漏月招云；莫言世上无仙，斯住世之瀛壶也。」

在这段相关「池山」文字里，计成所用「瀛壶」，
是整部《园冶》里惟一提及一池三山里的山岛之
名，但也未言其岛相，其「就水点其步石」，虽类
似于日本池岛间的矴步，但其「从巅架以飞梁」
的意象，已接近环秀山庄假山山巅的飞梁，而
非大海样的池岛，日本庭院池岛，虽有虹桥跨
波涉岛，但因岛上立石无意成山，计成随后所
言的——「洞穴潜藏，穿岩径水」的洞穴游历，就
绝非日本池岛所有。中日庭院于池中掇山、理
岛的两相差异，可以拙政园与桂离宫进行粗略
比较，尽管，它们山水格局的总图颇为类似：

桂离宫的池中三岛 (fig...67)，两小一大，以四
座桥与池岸联系，池南那座大山岛的确巨大
如山，岛上还有两座可供居游的建筑，大山
岛这两项特征，虽在日本庭园池岛中都相当
罕见，却与拙政园中部的池山规模相当一致
(fig...68)，如果将拙政园见山楼西侧假山也视
为一座池山，它的构成就也是一池三山，岛之
间也以四座石桥与池岸往来，每座山上也都有
可供居游的建筑，品相的差异，却依然明晰：

拙政园将三座池山中最大的一座，正对园中
最重要的厅堂——远香堂，以供远香堂内品
味池山的山水品相 (fig...69)，这座以土包山
的大山，虽未能在山中掇出山居洞穴，但它
还是与另一座逼近的假山一起，利用黄石驳
岸的叠石，将中间的线流夹出山间沟壑的曲
水意象，并将人引入这座假山沟壑间居游；

fig...68 拙政园中部池山，转自刘敦桢《苏州古典园林》

fig...69 侧观远香堂与池山位置，臧峰摄

相比之下，为避免遮挡堂中观水的卧观视
线，桂离宫的古书院却刻意让开大山岛，而
以两座低而近水的小岛与之正对，其桥岛之
低，以避免遮挡古书院内观望池岛姿态的视
线 (fig...70)；其两岛之小，虽难以构筑居游

fig...67 桂离宫池岛与古书院关系，
转自《桂离宫：日本美学的秘密》

fig...70 自桂离宫古书院一侧月波楼看低矮池岛，自摄

建筑，却能在与开阔池面进行比对中，为古书院提供与「大海样」类似的池岛比例，尽管这一池岛比例，尚不及龙安寺「大海样」的池石比例；桂离宫两岛间虽以两座贴水小桥与池岸连接，但其尽端式的道路，似乎并不鼓励人们入岛行游。即便日本标明为洄游式池庭，行人多半也被组织在环观池岛的路线上，金阁寺镜湖中的大小离岛，已无小桥连接，它们就蜕变为纯粹的视觉岛样，岛的尺度就可进一步压缩为石，以将开阔的池面比对出如海的海样，池中几块离岸立石所象征的岛屿 (fig...71)，与龙安寺大海样枯山水的池石比例，已相当接近。

fig...71 京都金阁寺庭园池岛如石，自摄

7
岸形两相

《作庭记》里的「大海样」，以两种立石为日本池庭的池岸塑造出第一类置石特征——一种是沿池岸置前突之石，以模拟海边荒矶断崖，另一种是沿离岸方向的连立石，它们伸向水面，以连接池岸荒矶突石与池中离岛孤石 (fig...72)，「大海样」这三类石组——荒矶、连立石、离岛，按《作庭记》的要求，其任务是提供——激浪拍岸之所、浪击所成之形，它们以对抗性姿态模拟承受海浪的礁石，而不是为山间流水赋形构造山势，这一微妙的大海样池岸气质，还体现在它要求旁边铺设沙洲白滨，以模拟大海退潮时的平缓浪痕。池岸石组的激浪之意、白砂铺岸的退潮浪象——已足以发展出龙安寺「大海样」枯山水的原型，它们并不需要从中国水墨山水的山水意象里谋求范本，相反，橘俊纲却将「大海样」白砂洲滨的海岸气质，投射到「岛姿诸样」的立石里，在他给出的十种岛样的后六样——云形、霞形、洲滨形、片流、干泻、松皮——与其说是在模拟山岛，倒不如说是对水纹浪卷的摹形写样，它们都以白砂铺设为没水洲滨的海滨形状，也为日本池庭的岸形，塑造出另一种池岸没水的近水特征，它们或许还造就了后世日本理水直接以草坪入水来模糊池岸的特殊做法 (fig...73)。

fig...72 毛樾寺荒矶池石

相比之下，苏州古名「平江府」的平江地貌，原本最适合池岸近水的日式做法，而中国庭园理水要表达山水一体的形胜，使得苏州园林的池形岸线，多半却高深如濠濮渊潭。计成在《园冶》相关山石池特征用词的数量依次为——「深」25 次、「壑」13 次，「涧」11 次，「濠」5 次，而池岸平坦的「沼」，却只用了 3 次。

从苏州郊区的退思园，陈从周虽找到池岸近水的特例，却正说明苏州园林多半池岸的高深特征，而退思园近水的曲折池岸，还尝试着要与东南角一座假山嫱和为山水一体的高下之势 (fig...74)，这是苏州大部分山水池的池岸做法。南浔小莲庄理水，大池如海，小池曲折，其大池开阔的池面，以其难有大山与其匹配，遂被童寯讥讽为「一览无余」，而其一角的曲池 (fig...75)，却因为池岸高耸，掇石像山断崖，其断崖的高度与水面宽度正可匹配，因此深得杨鸿勋的喜爱，这是明人王世贞对庭园山水的要求——池之广应与山之高匹配，用这个标准来评判，苏州耦园山水间北部曲池的深岸，最合山水一体的品相：

山水间这座建筑面前的狭池 (fig...76)，从庭园地表看，其黄石假山平均高度不足两米，却以其池岸之深，补足了池山的高峻之势，而从嵌入山水间的这座名为山水间的建筑内部看，低矮的假山，因借池深之岸，竟将眼前这条不宽的曲池，夹出山间沟壑的高峻之势。

8
曲水两相

假如庭园规模不足以容纳池岛，橘俊纲建议保留曲水形的遣水之事。为表现曲水的曲折岸线，橘俊纲特意构造出两种「汀形」——锄锋与锹形，它们一凹一凸，已能尽一切池池变化。置石于这些曲水的凹凸转弯处，从功能上，是要加固这些最易被水冲刷的汀岸，从美学上，则要以立石激水波纹，并将这些池形描摹为「浪击所成之形」，《作庭记》描述这些置石意象的一段译文，与苏轼描述山间曲水的那段文字颇为接近：

「此处所用立岸石，承水之势，流水由此，萦回转向，湍流而前。」

而要在堂内观望这些池形要求的平坦面相，则拉开了它与苏轼要与山石曲折的山水品相的距离：

「无池之庭，其上遣水宜格外广而流之，并令庭面尽量平坦，以由堂上，即可见其潺潺流水。」

从张十庆补注的「大河样」曲水插图来看 (fig...77)，池岸立石断断续续，虽有立石于凹凸处以护岸的经济性，却缺少计成「挑石驳岸」的整体池山气象，插图里其余未能置石的更多岸线，其平坦得几乎没入池水的面向，也缺少中国园林池岸表征的山水气象。橘俊纲还意识到——这些池形曲折处的立石，虽能以高低、大小、仰俯的相背差异，模拟石组间的追逃关系，因为缺乏中国山水间的总体气势的控制，这些曲池转角的立石，近观其形皆可，但若远眺，就难免重叠，而成乱势，他无意于解决此事，却将曲水池形的理水判断，交给风水凶吉，他引经据典：

fig...77 "大河样"的流水与诸石，转自张十庆著《〈作庭记〉注释与研究》

「经云：遣水以屈曲环抱处为龙腹。居者以龙腹为吉，以龙背为凶。」

方拥曾从风水角度，诠释了这类曲水吉凶的来历，周人相地所谋求的吉地汭位，在河流绕山的屈曲环绕处，凹似龙背的反弓处，山体被水常年冲刷，水土则不断流失，流失的水土，则在凸如龙腹眠弓处不断沉积，这处不断增加的凸弯池岸，因此成为中国风水的青睐。

在我看来，这一此消彼长的曲水之势，不但是明清故宫金水河弓形曲水的古老摹本 (fig...78)，还曾被隋炀帝以两种尺度带入庭园理水：

fig...78 故宫曲水

1···　隋代上林西苑龙鳞渠池形的九曲十八转 (fig...79)，上林十六院就一一安置在这些人工曲折出的密集的汭位处，如果将这十六院的建筑微缩为坐垫，它们几乎就能图解隋炀帝在流杯殿内的曲水；

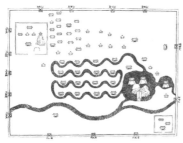

fig...79 隋上林西苑图,《永乐大典·元河南志》

fig...81 后乐园流店

2··· 按《太平御览》转载的记录,流杯
殿东西廊殿南头两边皆以亭跨山
池的格局,正是日本寝殿造池岛
的基本原型,而其「殿上作漆渠九
曲」的描述,不但以漆器的方式将
曲水家具化,还将它带入殿堂内
的生活中。

从平安京东三条殿寝殿造的复原图来看
(fig...80),构成庭园理水两部分——庭前池岛水
面以及流经透渡殿的曲水,确实酷似流杯殿相
关池庭的文字意象,透渡殿曲水附近密集的池
石,或许正是曲水流觞时可以落座的坐石,而

fig...82 金泽兼六园抹茶室

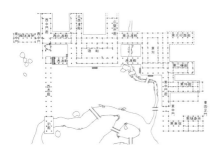

fig...80 平安京东三条殿复原平面

日本后世庭园放弃了进入庭园生活的理想,亦
将曲水流觞的生活以家具的方式引入室内,日
本后乐园流店的室内 *(fig...81)*,就内嵌了一条
流杯沟渠,它虽非曲水,但却很适合日本席地
而居的身体姿态,日本金泽兼六园成巽阁抹茶
室的一角曲水 *(fig...82)*,似乎更接近计成对曲
水的自然想象。

陈薇在一篇相关曲水流觞的演讲里,追溯了这
一庭园理水从山水诗意生活向图案化象征没
落的两相差异,她还注意到,或是为避免被北
宋《营造法式》家具化了的曲水流觞,计成在
《园冶》里将其简化为「曲水」,计成或许觉得,
它不如山涧或瀑布更接近山水的自然品相:

「曲水,古皆凿石槽,上置石龙头喷水者,斯费
工类俗,何不以理涧法,上理石泉,口如瀑布,
亦可流觞,似得天然之趣。」

9

涧壑两相

从黄晓相关寄畅园的考据性论文看，寄畅园起初造园的参考意象，与日本庭园古本《池亭记》一样，皆以白居易的《池上篇》为摹本，但参考意象的一致，却为旁观与居游的身体差异所改观。明代的寄畅园，引惠山第二泉流经假山而成曲涧，从明人宋懋晋绘制的《寄畅园图册》看，这类位于山表的曲水，是中日庭园都曾迷恋过的流觞主题，在这条曲涧注池处，置石激水，以成瀑布飞泉，为观瀑布，于池中置岛设「涵碧亭」(fig...83)，亭泉之间的观望关系，也很接近日本庭园坐堂观泉的经典意象。

fig...83 明代寄畅园悬淙与涵碧亭关系，
明·宋懋晋《寄畅园图册》

清初掇山名家张轼对寄畅园最重要的景物改造，就针对这条理水动线，他先改涧道，「悬淙涧」曲水，本东西横贯假山山表，几与「锦汇漪」垂直，张轼调整涧向角度，以与远处惠山南北脉象平行，遂与「锦汇漪」成八字夹角(fig...84-85)，这一改正归斜的泉流走向，延长了泉流假山的居游路线；他又将原本从假山上表流下的「悬淙涧」，下挖成沟壑，嵌涧于壑，即成今日「八音涧」之势，涧壑之深，改造了「悬淙」原本处于山表的跌落位置，改造前的「悬淙涧」，将跌落高差的水势，集中在飞泉入池的瀑布瞬间，以供池中涵碧亭观望，改造后的「八音涧」，则将泉流跌落分成三段，散置于沟壑中，以发不同涧音，以将人身体带入壑中感受山水(fig...86)：

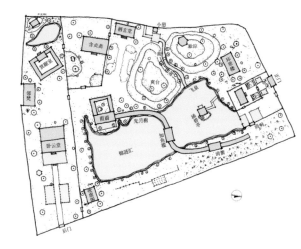

fig...84 秦耀时期寄畅园平面，黄晓复原

泉流入涧的水口，落水最深，涧音最响，尤置悬石以激水声，悬石背后空腔，再扩瀑布跌水之音；泉入沟壑则二分为线泉，左右皆贴壁曲折而流，遂被沟壑两侧峭壁收拢回音潺潺，左行之流，忽没入山壁不见，仅余壁中流泉暗音，右侧之流则随沟壑高下曲折，径奔水尾，左右二溪，汇于八音涧出口矴步石下，水声汩汩，暗涌入池，于「锦汇漪」池面，音不可闻，形不可见，池中岛上「涵碧亭」遂无瀑布可见，亭遂退至东岸。

fig...86 寄畅园沟壑中的八音涧，覃池泉摄

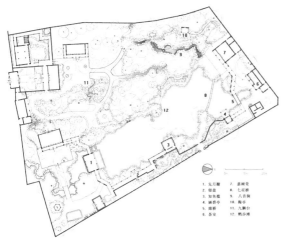

fig...85 修改后寄畅园现状平面，王歆重绘

1. 先月榭
2. 倒盘
3. 知鱼槛
4. 涵碧亭
5. 鹿柳
6. 茶室
7. 嘉树堂
8. 七星桥
9. 八音涧
10. 梅亭
11. 九狮台
12. 鹤步滩

张轼这一改造的重点，在于将人从亭中观瀑的静态旁观，带入山间沟壑与涧流一同曲折的行游，旁观山水与身体进入山水居游的感受差异就此呈现，身体在八音涧沟壑内感受到的山势逼人，与环秀山庄假山沟壑内的感受类似，却与寄畅园早期「悬淙涧」山表溪流两侧，或于日本茶庭观望瀑布的旁观感受皆判若若两别。

这两类曲水的感受性差异，可从文徵明绘制的两幅相关曲水流觞图比照——《兰亭修禊图》类似于寄畅园早期山表曲涧 (fig...87)，而《兰亭图》将曲水置于沟壑中的身体感受 (fig...88)，则与寄畅园改造后的八音涧类似。

张轼这一改造如此成功，它将寄畅园原本逊色于邻园愚公谷的明代定论，几乎扭转，而愚公谷的园主邹迪光曾游历过改造前的寄畅园，也为此写过几首无关痛痒的诗歌，他在自记的《愚公谷乘》里，在谈论山水时，就认为旷率之山，身体难以感受到山水一体的情趣，他夸耀愚公谷所在的锡山龙山，有「纡回曲抱，绵密复袷」之势，纡回、绵密之山，遂能带来如「抱」、如「袷」（通「夹」）的身体感，他为愚公谷写下的一段理水意态的文字，几乎可以视为张轼后来在八音涧改造的文字说明：

「而二泉之水从空酝酿，不知所自出，吾引而归之，为崦障之、堰掩之，使之可停、可走、可续、可断、可巨、可细，而惟吾之所以用。」

fig...87 明·文徵明《兰亭修禊图》纸本

fig...88 明·文徵明《兰亭图》

10

瀑布两相

计成虽在「因借」一段文字里，以「泉流石注，互相借资」八字，表示过对泉石相激的向往，但他夹杂在掇山篇里的几类理水——洞、曲水、瀑布，虽皆为流水，计成却在最能表现随物赋形的洞与瀑布这两节文字里，都表达过对江南地平无水可资洞瀑的担忧：

「假山依水为妙，倘高阜处不能注水，理涧壑无水，似少深意。」

但「假山依水为妙」的一体妙象，还是让计成迷恋，借助江南多雨的气候，计成构想了最具建筑学诗意的「坐雨观泉」的装置，虽然他将之归为「瀑布」一类，但其意象更接近王维的「山中一夜雨，树杪百重泉」：

「瀑布如峭壁山理也。先观有高楼檐水，可涧至墙顶作天沟，行壁山顶，留小坑，突出石口，泛漫而下，缠如瀑布。不然随流散漫，不成斯谓『坐雨观泉』之意。」

学者多将环秀山庄大假山西北角瀑布，视为最合计成所描述的坐雨观泉的瀑布实例，水源从两处汇聚到这处隅角高地——西部楼廊坡顶之水，从西北角将雨水坡向此处；假山上两处山房坡顶的坡水，以及东北假山山顶所集雨水，皆从补秋山房背后檐沟将雨水从东北坡向此处，两股雨水，于角部一座峭壁山顶汇聚，沿沟壑券洞盘旋而下，以供人们于问泉亭坐雨观泉之用。

环秀山庄的问泉亭与其瀑布的对望关系，虽类似于狮子林湖心亭与西北假山瀑布的关系，但其间高下立见，从山水源流脉络而言，

狮子林角部假山，脱离墙廊，孤峙独耸，水口竟从远高于地面的假山高处坠落 (fig...89)，此其有违山高水低的源流脉象，而环秀山庄坐雨观泉的假山，却按张南垣建议的截溪断谷，其水口几乎压在补秋山房檐沟地面之下 (fig...90)，似从峭壁山外山麓沟壑间涌地而出；从两者居游品相而言，环秀山庄将瀑布水口藏于沟壑洞穴内，涡旋而下的水湾，不但能加剧水流急湍以尽水之变，还能以沟壑穹窿扩大的水声，诱人深入洞壑之间，并提供了两种与问泉亭观瀑不同的感受——在洞壑间行游，瀑布于涧中足底盘旋而下 (fig...91)，声可耳鸣，水溅湿身，而在洞壑构成的飞梁之上俯瞰，则有崖间瀑布的危所感受。狮子林的瀑布，分别以低处的石桥、高处的栈道，以两个不同高差的场所观望的瀑布，却与湖心亭所见类似，都以身体旁观的姿态，观望瀑布挂落的立面品相。

fig...89 狮子林瀑布，自摄

76

fig...90 环秀山庄假山飞泉出水口，王娟摄

这正是我在日本京都南禅院茶室旁观瀑布的身体不适，当时玄关幽暗，正低头脱鞋以爬上日本名为床的高架地板，忽见身左茶室外窗，有半截瀑布于明亮处溅散 (fig...92)，几挤门窗而来，立身前往茶室，瀑布却始终为窗楹所截，只能看见一半，只能坐在地板上静观其美形，瀑布不但被窗楹所隔，还被户外苔庭所隔，又被木篱再隔，身体不能就近，只能静闻其屋外瀑声，这一旁观瀑布感受，竟觉有如枯山水不能进入的类似感受。

fig...92 南禅院，飞泉，自摄

fig...91 环秀山庄假山飞泉旋洞激流，王娟摄

11

池形两相

基于堂中观望瀑布的缘由，《作庭记》要求瀑布前有开阔的水面，却未明确瀑布与池庭之水的源流关系。或许是京都城内瀑布难得，理想的日本池庭理水，也主要以两种方式存在——池岛式与曲水式，一者开阔静止，一者狭窄曲折，二者的关系按张十庆的注释是——延而为溪，聚而为池。作为对中国整体山水西北高东南低的山形水势的调适性模拟，面对京都东北高西南低的特殊地貌，橘俊纲虽为寝殿造规定了从东北流入池岛，而从西南流出池庭的曲水流向，但日本岛国山势向岛四披的走势，使这一规定有难以在日本通行的范本尴尬，橘俊纲本人也无意在曲水流向里表达山水一体的品相，他将全部注意力都聚焦在这两种池形的各自构造上。与曲水一样，《作庭记》对池岛的池形建议，再次寄托于风水吉形——凿池以成龟鹤形为佳，而水不自形的特征，使得日本池形的龟鹤吉形，只能由岛形的龟鹤塑造，它们导致的池岸立石结果，也复现了橘俊纲对曲水立石远观混乱的担忧——桂离宫池岛沿岸的龟鹤立石 (*fig...93*)，就有一定程度的远观乱象，其乱正如狮子林的群石之乱，一旦执迷于摹形狮子的特定面向，将放弃感受中国山水一体的形胜理想。

fig...93 京都桂离宫龟鹤岛石，自摄

以反风水反具象摹形为己任的计成，如何能为江南平池塑造出「随物赋形」的自然品相？

针对苏轼相关画水的「随物赋形」，董逌曾有过针锋相对的论断：

「唐人孙位画水，必杂山石为惊涛怒浪，盖失水之本性，而求假于物，以发其湍瀑，是不足以水也。」[4]

董逌批判的对象，正是苏轼赞美的唐人孙位，他指责孙位「假物为水」的水为假水，作为对比，董逌推荐的是近世孙白画水，他说它：

「不假山石为激跃，而自成冲波。」[5]

董逌赞美孙白画水的「自成冲波」，与苏轼赞誉孙位画水的「假物成形」，尽管有「自成」与「互成」的根本分歧，与苏轼一样，董逌也将那些炫耀平波皴纹的水画讥讽为刻板的印刷品，他将真水假水的波纹区别，寄托在是否有水脉源头一事上，可以夏圭的山水长卷《长江万里图》左右两个局部展开分析 (*fig...94-95*)：

画左几段差异巨大的波纹，既符合苏轼的随物赋形，也符合董逌的溯水源流——如布匹急练之水，随山间横截而出、如水沸翻卷之浪，为水中石滩所激、水面开阔则水纹平缓，水纹越远则愈希，渐至平远无皴无纹之水，即便只截取画右无波无皴这段水面，从董逌对真水假水的源流判断来看——它虽无波纹，但可藉画左山水脉象来判断其真假，它因此也符合苏轼常用死水活水来进行的死活判断——一旦将其视为画左假山石曲折而成的流水余脉，它即可视为活水。

……………………

[4] 宋·董逌，《广川画跋论山水画》。
[5] 同上。

fig...94 宋·夏圭《长江万里图》左侧局部

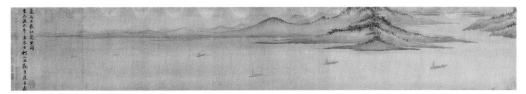

fig...95 宋·夏圭《长江万里图》右侧局部

这一将水形作真／假或死／活的判断，不依赖橘俊纲的风水，而将水面的经营，归结于与山石相关的山水源流，这或许能诠释计成为何在《园冶》里一再强调疏水源流，在「相地篇」一节，计成就将「疏水源流」与「搜山穴麓」两件山水要事并置：

「入奥疏源，就低凿水，搜土开其穴麓。」

中国园林理水，所言死水活水，并不局限于物理性的重力流向，即便所掇为静水石池，所模拟的也常常是戈裕良用截溪断谷的方法所截取的山水余脉，留园北部接近方形的池形，与藏于石池西北角的曲水关系，就并非分别龟鹤龙蛇的拟相关系，隐匿于西北廊桥底下的这条线涧 (fig...96)，作为山水源流的脉象暗示，它要将这池方池，模拟成北部山间流水的自然汇聚；而网师园的池形大致类似于留园——主池亦近正方，曲池亦细如线，不同的是其山既于池南，曲池则亦在池南东隅，它甚至不再模拟中国地理西北高东南低的总体地貌，只遵循山高水低的自然脉象，这条其深近壑的线涧 (fig...97)，就将网师园池形少折而几近方池的池面，带入小山丛桂轩轩前轩后的假山，成为山间曲涧，并获得藏水于山的山水一体的混成脉象。

fig...96 留园池西北线涧与主池的水脉关系，自摄

fig..97 网师园东南角线洞壑意，自摄

12

藏水于山

「山川气象,以浑为宗。」

「山脉之通,按其水迳;水道之达,理其山形。」⑥

笪重光认为,山水原本浑然一体,虽因天工开物而分,而山水之间却保持着某种脉象暗通的一体关系。这一山水互通的形脉关系,不但是苏轼讨论山水赋形的前提,也是米芾检验砚山脉络暗通的原理——米芾以水从砚山上部洞穴灌入,水从下洞流出,来验证两洞窟之间暗通不尽的山石脉象。

郭熙讨论的山高水远的不尽两法,要旨就在山水互藏脉象:

「山欲高,尽出之则不高,烟霞锁其腰则高矣;水欲远,尽出之则不远,掩映断其派则远矣。」

两种手段,皆为藏露,他将未经藏露之山,讥讽为舂米所用的石杵,而将不能藏露的曲水,讥讽为蜿蜒的蚯蚓。山水意境的「深远」,其「深」,由山提供,「深远」之「远」,则由水提供,理想池山,应以「深远」的山壑,藏「平远」之水脉,遂成山深水远的不尽意象。

苏州北半园的整体尺度,大致相当于龙安寺的方丈石庭,而其中间更小尺度的石池,池东北以小石桥北的小池藏水于半亭下起伏的小山之下,池东南、西南还各以半波舫、双荫亭架空藏水 (fig...98),它们不但将这池并无活水的静池,经营出有源流的活水气象,还不牺牲其间可居游的身体感知。

⑥ 清·笪重光,《画筌》。

fig...98 苏州北半园池东南与东北藏水,自摄

以藏水于山的藏法判断,甚至可以评价中国园林多半用于庭院里的方池理水的得失——而不至于仅从形状上估价趣味:

苏州曲园方形曲池,以曲亭挤入池中,池遂成凹字,亭下却以整齐石基阻断水脉而不能藏水 (fig...99),池旁两亭皆高也几难观水,此池虽有明代方池遗意,却也是败意之笔,绍兴青藤书屋南庭方池 (fig...100),以书房架空池上,水脉似可与北庭古井暗通,而其书房下部所开低窗可睥池如濠 (fig...101),颇有计成所言的「濠濮间想」。

fig...99 苏州曲园方池,曾仁臻摄

fig...100 青藤书屋方池与书房低窗关系

fig...101 青藤书屋自内俯瞰方池

fig...102 环秀山庄假山近水凹痕，万露摄

「更以山石为池，俯於窗下，似得濠濮间想。」

计成将这段相关石池理水的濠濮文字，杂入《园冶》相关「书房山」的掇山文字里，它或许能修正《园冶》主旨在山的判断，计成之所以将七种理水的小节，杂入「掇山篇」的十九节中，正因中国山水一体的山形水势——按照苏轼对水随物赋形的描述，与山石曲折的理水之事，实难与掇山分离而单独罗列篇章。

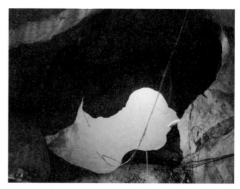

fig...103 环秀山庄假山洞穴内湖石涡旋瞰水，自摄

就中国山水对深远不尽的追求而言——山水相称的规模匹配，或许还不及藏水于山的重要性，环秀山庄的假山与石池的关系极不相称，它在狭小的石池里，却试图掇出一座巨大的池山，仅以一线曲水萦绕山前山间，正是其以拱洞将瀑布卷入山间的水脉，使得整座大假山的沟壑与瀑布曲水的关系，类似于米芾要以流水测试砚山暗通的山脉关系，也正是在这座大假山临近水面处，我还发现，计成要求上大下小的掇山方法，还具备理水深远的未尽深意——就在山根落水之际，山石再次退凹出一圈与水大致平行的凹痕 (fig...102)，正是这条凹入水面的空痕，使它暗通了假山洞穴内一块太湖石向下的涡旋 (fig...103)，山洞幽暗，涡旋内所瞰之水，几近幽光碧玉，我忽然意识到，这些遍布假山近水处的一条水平空痕，它们暗含的激流蚀石之力，与太湖石空腔蕴含的水滴石穿一样，它们皆因模拟了山石因水激荡而蚀出空痕，遂为这处原本静态的空间水相，带出山水互成的时间蚀痕，它们一早就写在中国最早的两篇山水画论里——传为荆浩的《山水赋》里的八个字——「临流怪石，嵌空而水痕」，与传为王维的《山水诀》里的八个字——「临流石岸，欹奇而水痕」，皆以水石之事言说山水之事，其间「欹奇」或「嵌空」而得的奇特水痕，或许就是中国山水互成的一体痕迹，它们相关时间亘古久远的空间水痕，或许还能回答我在《石山壹品》里提出的中日品石的差异问题：

「为什么中国人爱太湖奇石，而日本人好原初朴石。」

林木叁姿 *

Three Poses of Plants

＊首次发表于《建筑师》2015年第04期，总第176期，100页

从中、日、法三国庭园对植物修剪的三种不同姿态，归纳出植物三种差异的气质——宜居、如画与抽象，并试图证明这也是—— 中国园林、日本庭园以及法国古典园林的三种气质差异。

By observing three different poses of plants in Chinese, Japanese and French gardens, this chapter abstracts the distinct characteristics of the plants: suitable for dwelling, picturesque and abstract, which as it attempts to prove, are also the different characteristics of Classical Chinese, Japanese and French gardens.

引

两年前,北大城环系的仪星同学,向我提交了一篇《园林种植与景观种植比较》的课程论文,他比较的两本著作,一本是计成的《园冶》,一本是《景观设计学》,由哈佛学者西蒙兹撰写,仪星从《园冶》摘出大量相关植物的优美诗句,以认定《园冶》的植物,旨在为身体经营诗情画意的宜居之所,而从西蒙兹对植物要求的「食物链、呼吸作用、气候控制、保蓄水分、土壤形成、风化、生产力」里,他认为这只是能源性的技术要求,具体到植物审美,仪星将《景观设计学》里摘录出的五六种植物经营的景观目的,归纳为三类——用作遮羞布似的遮挡功能、用在空间节点招揽人群的广告牌、而对最后要用「植物构成空间」的建议,他明显动了情绪,他质疑道——如果仅让一棵树发挥一堵墙的空间作用,是不是太委屈了树呢?

在论文开头,仪星曾指名道姓,想追问北大一位颇有虚名的景观师的植物态度,以比照中国园林相关植物的诗情画意,但一直到论文结束,他对这个问题,却只字没提,不知是忘了,还是失望了。

我参加过几次北大景观专业的研究生面试,颇感失望,面试的问题,要么是提问教师也无法回答的大问题,要么是类似于脑筋急转弯的伪问题,有位教师,就曾亢奋地问一位学生——你能用头发感知景观设计吗?那位学生的回答,也很亢奋——理发师就能用头发设计造型,并可被感知。对这个回答,我啼笑皆非,提问的导师,却很满意,显然要招这位不知是来景观求学还是来美容培训的学生,而比较接近景观专业的提问,则多半在考验学生对不同树种的记忆,这总让我错觉到了农林专业复试场所,我就总是用孔子相关植物的语录安慰这场景——多读《诗经》吧,至少能多认识一些花木虫鱼吧;但孔子那句「多识于鸟兽草木之名」的原文,或可旁解为——或有比识别鸟兽草木之名更多的诗意见识。

童寯就发现,颇具诗情画意的计成,在《园冶》里竟无花木专篇,童寯引入宋人欧阳修对花木种类知识的漠不关心,或可视为中国园林已摆脱集花木为胜的苑囿证明——这至今还是欧洲许多公园或景观专业值得自豪的重要指标,而童寯推荐明末徐日久对待庭园花木的日常态度,就能冲淡古老苑囿阶段对特殊花木种类的占有性炫耀,继而转向对花木扶疏、疏影横斜的日常诗意感受。

1

疏影横斜

三年前，在宾夕法尼亚大学东亚系的课上，一位美国汉学家组织学生讨论中国诗歌，针对林和靖的「疏影横斜水清浅」，他坚信「横斜」二字的词性不同，其中必有一个动词，一位来自中国的女生，表示了不同见解，她认为「横斜」二字，表示的只是梅枝横斜并存的两种姿态，这两字的词性，就很可能一样，两种意见冲突，渐成激烈，据说，这位老先生，最后竟以近乎失态的武断，才中断了讨论。

稍有中国文化常识的人，都能理解这位女生的观点，描述林木的「横—斜」二字，与描述假山的「远—近」、水面的「深—浅」这类术语一样，都是对中国阴—阳观念的不同填词，以表示万物皆具阴阳两态的流变认识，它们既可能同是名词，也可能同为动词，并不一定非要用——横的斜，或斜的横——来强解。对华裔汉学家叶维廉来说，汉语并非一定要有动词组句，这一与西语截然不同的语法习惯，原本就是中西方文化差异的投射；对另一位美国汉学家宇文所安而言，中国人如此喜爱梅既横又斜的疏影姿态，竟将「疏影」二字，发展成一种词牌名，进行反复吟唱。

最终却吟唱成园艺教条，引致龚自珍的激烈抨击：

「梅以曲为美，直则无姿；以欹为美，正则无景；以疏为美，密则无态。……有以文人画士孤癖之隐明告鬻梅者，斫其正，养其旁条，删其密，夭其稚枝，锄其直，遏其生气，以求重价，而江浙之梅皆病。」

龚自珍批判的制造病梅的这类病态工艺，在日本桂离宫的竹垣制作上，还在使用，竹垣选用了中国文人视为宜居之竹，其虐心的工艺是——将活竹从中部剖开 *(fig...104)*，以将竹子向上的竹枝折反向下，折成如法国树墙一样的成活姿态 *(fig...105)*；一位西欧作家曾戏谑说——日本应建立防范植物虐待的协会，而韩德泉从巴黎附近苗圃发现的植物园艺，也可一并控诉，这些被刻意矫正在一个平面内的枝干 *(fig...106)*，有着与中国病梅一样的变态，只是所变姿态不同，它们或能证明宾大那位汉学家对「横斜」的诠释——它们确实是横着斜，但斜枝却消失了，它们被分解为横平竖直的抽象姿态，它们像极了蒙特里安抽象绘画的中间状态。

fig...104 日本桂离宫竹垣工艺，王欣摄

fig...105 日本桂离宫竹垣姿态，王欣摄

fig...106 巴黎附近某花园植物园艺,韩德泉摄

从这三类庭园植物变态不一的姿态里,或能析出三类庭园三种不同的美学气质:

宜居、如画与抽象。

2

抽象景观

一百年前,为创造普通大众都能理解的新造型艺术,蒙特里安开始了从具象走向抽象的美学实验,他选择的具体对象,是一株有着正常姿态的横斜树木,第一步抽象,针对色彩,他将常规的绿色植物,抽象为反常的红色 *(fig...107)*;第二步抽象,才针对树形 *(fig...108)*,树木的横斜姿态,被如圆规绘制的几何弧线所抽象,并被尽量压平在同一平面内;经过一系列复杂的抽象过程,它们最终被抽象为横平竖直的三原色的方块构成 *(fig...109)*,它们不再具备树木的任何生机,这正是蒙特里安所要抵达的抽象意志——他认为垂直代表着无生命的重力方向,水平则源自对无机海洋的形态抽象,他认为这两种垂直与水平的抽象姿态,既已抵达无生命的永恒状态,它们就能构造出万物共相的抽象造型。

fig...107 蒙特里安《红树》

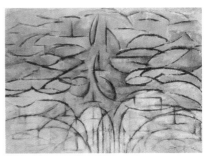

fig...108 蒙特里安《开花的苹果树》

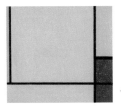

蒙特里安的新造型艺术搭档——凡·杜斯堡，却受困于抽象造型这一难以被普通大众识别的共相，他尝试着将45°角的斜线 *(fig...110)*，引入蒙特里安的正交体系的抽象构成，以增加其视觉的力学动感，以此区别蒙特里安的抽象作品，但却引起蒙特里安的激愤，后者认为，斜线具备的生命动感，具备诱人堕落的邪教气质，并因此与凡·杜斯堡决裂，而他本人，随即也在一系列菱形构成作品里 *(fig...111)*，表达了对斜角的克制表现——蒙特里安将画框扭转45°，在坚持画面色块横平竖直的绝对性同时，也获得平直画面与倾斜画框的微妙张力，它们因此深受法国小说家图森的喜爱，他说，他从蒙特里安的抽象作品里，能感受到宗教般的死亡宁静感。

在中国，尽管少有人知晓抽象艺术有相关死亡的宗教气质，甚至，也少有人能区分这两种斜正抽象造型的气质差异，却不妨碍它们成为中国景观造型的训练基础，也造就了中国当代景观大量无关身体感知的抽象实践：

在北京，从我二姐家楼上鸟瞰，隔壁小区，就有一方抽象构成的景观实践 *(fig...112)*，它以两条道路描画了抽象构图的几何正交线条，一块铺有红色地砖的方形广场，则模拟着蒙特里安

扭转后的菱形色块构成，其所选树种，倒暗合了抽象艺术的死亡特征——它们要么是中国用于陵寝的柏树——它象征死亡的不变，要么将黄杨修剪成柏拉图几何形体——它具有相关死亡的几何永恒特征，在那块构成性的方形广场中间，一座构成性的简陋方亭，其基座扭转的45°角，不是为了对景的需要，而是模拟抽象艺术的斜角构成，于是，坐在那座用于构成要素的孤亭里，将出现计成讥为可笑的身体情况——它无景可观，只能看看眼前的马路与车辆；在昆明新建不久的大学城，从建筑学院的讲堂往下鸟瞰，一样正交构成的抽象景观，一样扭转了45°，一样与无趣的马路倾斜相交 *(fig...113)*，一条拼木条凳，比邻危险的马路与路边的垃圾桶，孤零零地描画着景观构成，我以为隔着水池旁的几株柳树低荫之下，才是这条凳子最该摆放的体宜位置，这是连苏州环保工人都知道的人树关系，但在这几株景观柳树下，如今只装着几盏射灯，在夜间，它们将照亮景观专业种树的构成性目的，全无中国人曾在庭园林木里寄托千年的宜居诗意。

3
宜居得体

「偶来松树下，高枕石头眠。
山中无历日，寒尽不知年。」

唐代这首传为「太上隐者」所作的《答人》场景，
相当自然地将一块卧石置于松下，以将身体置
于树荫下惬意酣眠。这首唐诗描述的起居意
象，尽管没有描述树木的具体姿态，卧于石下
的身体，却能被可以想见的横斜冠盖庇护，这
是后世中国山水庭园间最常见的栖居场景。

五代画家周文矩的《文苑图》，所绘制的唐人诗
情画意的生活场景中心 (fig...114)，就是一株枝
干横斜的古松，其距离地面就近的胸高一横，
正好能被一位诗人所倚扶，身体腰部前倾的横
斜之姿，正能应和松树的横斜之态，松树在诗
人笼袖的抱负中，呈现出如家具般的体贴姿
态。这组松石，与一旁三块用作几、案、榻三
块亦具家居姿态的石头，合成了宋代以来理想
城市山林的「山林」单元——以石代山，以松替
林，这是中国文化对林木的赏析姿态——与身
体相体宜的宜居姿态。

fig...115 南宋 · 周季常
《五百罗汉之观舍
利光》局部

南宋周季常绘制的《五百罗汉图》里，就常有
罗汉将松树横斜枝干用作靠背扶手之用的场
面 (fig...115)，更多的场景，则是以石为榻，以林
木横斜枝干为靠背的居意组合，这类经常出现
在宋元绘画中的场景组合，或许影响了计成对
花木种植的判断，对于林木，他说——合乔木
参差山腰，蟠根嵌石，宛若画意——这画意，或
许不只是石松媾和的山林象征性画意，还有松
石间身体入画的宜居惬意。

明清城市山林向着咫尺山林的规模缩小，林木
与身体的密切关系，有助于表现山林与身体在
狭小空间内的密切关系，明人吴彬在《十八应
真图卷》绘制的也是罗汉图 (fig...116)，其中身之
所坐、腰之所倚、手之所扶、足之所踏，无不假
借树木的横枝斜干，最奇特的树木姿态，是它
上部冠顶部分，忽然向下斜挑，几如中国建筑
檐下空间的斜挑，庇护着这位罗汉，这几根斜
枝制造出的自带家具的巢居模样，与一旁以石
洞自带石头家具的穴居相映成趣，它们构成了
两类人类最早的身体庇护物——巢居与穴居，
它们也是人类建筑的两种起源。

fig...114 五代 · 周文矩《文苑图》

fig...116 明 · 吴彬《十八应真图》树石局部

89

4

宜居如屋

《唐韵》对「庇」字的注释是：

「庇，覆也，荫也」。

就身体而言，林木上大下小的横斜冠荫，天然具备宜居身体的庇覆性，它不但是世界范围内都曾以建筑模仿过的巢居姿态，也是计成要将峰岩改造为上大下小的山居姿态。

白居易在《冷泉亭记》里，则以「山树为盖，岩石为屏」八个字，缔结了树石宜居的新型关系，在《答人》里，「太上隐者」所用身体可卧的卧石，在这里立成如屏之石，佐以林木上部横斜出挑为屋盖，石树各尽其能，共同模拟出宋人常在庭中竖屏的起居场景，也指引着后来庭园立石如屏的树下生活 (fig...117)。

fig...117 明 · 佚名
《十八学士图》

林木横斜交柯的如屋居意，吸引着历代中国文人，文徵明为拙政园绘制的两版画卷里都曾描绘过的「槐幄」，都以林木为帷幄的居意描摹，在《拙政园三十一景》里，文徵明曾用诗与画两种形式刻画它 (fig...118)，按文徵明本人在画中配置的诗文看，它本应为单株古槐，其冠如幄，而图

中所描绘的场景，却更接近一间立柱堂屋——底下三株古槐鼎立如立柱，树冠至半空凝结如屋盖；清人袁枚距白居易已有千年之久，他所写的《峡江寺飞泉亭记》，不但题目与白居易的《冷泉亭记》类似，谈论的内容也很相似，与白居易一样，他在描述飞泉亭在山水中居意的重要性之前，也专门描述了图中所遇树木的宜居姿态：

「过石桥，有三奇树鼎足立，忽至半空，凝结为一。

凡树皆根合而枝分，此独根分而枝合，奇已。」

fig...118 明 · 文徵明
《拙政园三十一景
之槐幄》

被他视为奇树之奇，在于它并非独木悬盖如亭的常见姿态，而是其丛生的三棵树——下部独立而上部交柯的奇姿，它的意象之奇，恰在于它们更接近日常建筑的居意姿态——几根柱子支撑着巨大的屋顶，它们正是文徵明绘制的槐幄姿态，这些姿态，虽不比藤森照信设计的树屋高过庵更奇特 (fig...119)，却更加自然，按中国文人的评判——既然有了林木交柯的如屋姿态，实在没必要将树冠截肢再自盖一座屋顶，而放弃借荫林木的覆盖诗意。

fig...119 藤森照信设计, 高过庵

5

宜居经营

「围墙隐约于萝间，架屋蜿蜒于竹末。」

自言「性好搜奇」的计成，在这两句里所表达的意象之奇，并非植物之奇，而是植物与建筑间的位置经营之奇，才为居者带来意境之奇，「围墙隐约于萝间」的奇景，我曾在扬州小盘谷的曲庭内感受过 *(fig...120)*，而「架屋蜿蜒于竹末」的奇境，我只在王欣极具画面感的描述中才可想见，当年，他带张永和去安吉看《卧虎藏龙》竹林的拍摄场景，当他爬上看护竹林而出于竹杪的平台时，探头竹上，竹子不再有全貌的常规姿态，惟有竹叶参差如海，另成一青碧竹叶的高空平面，风吹碧叶如波动涟漪，小鸟以此平面为基准，如游鱼般潜入飞出。这段描述如此生动，当时在场听其描述的许义兴，后来特意补画了张小画，以描述这类原本平常的竹林，在这个特殊位置上的奇特画意 *(fig...121)*。

fig...120 扬州小盘谷，围墙隐约于萝间，自摄

fig...121 架屋蜿蜒于竹末，许义兴绘制

它让我注意到，计成这两句看似平常的诗句，大有奇致，也让我理解——林木奇特的宜居姿态，还可得自林木与建筑奇特的位置经营，比计成稍晚的张岱，就曾以一篇《悬杪亭》，描述过亭居木杪之上的奇致感受：

「余六岁随先君子读书于悬杪亭，记在一峭壁之下，木石撑距，不藉尺土，飞阁虚堂，延骈如栟。缘崖而上，皆灌木高柯，与檐甍相错。取杜审言『树杪玉堂悬』句，名之『悬杪』，度索寻橦，大有奇致。后仲叔庐其崖下，信堪舆家言，谓碍其龙脉，百计购之，一夜徒去，鞠为茂草。儿时怡寄，常梦寐寻往。」

这座后来被堪舆禁忌所毁的「悬杪亭」，其位置之奇，可以从——缘崖而上，皆灌木高柯，与檐甍相错——里的居景关系里想象，而其行游的感受之奇，则可从——度索寻橦，大有奇致——的身体感受间梦寐寻往。

龚贤一幅临董源山水画里的楼阁之奇，也正在此——后人常以「奇正」二字，概括龚贤的山水经营，在这幅图景中 *(fig...122)*，林木的横斜姿

fig...122 清 · 龚贤《临董北苑山水图轴》局部

态不奇，屋宇的坡顶式样也不奇，奇的是屋宇于树木之上的位置，奇的是龚贤以山墙这一在中国常为侧面的面向，面对这一林木杪末的特殊位置，山墙上开设的窗洞横幅如画，用郭熙对观画者的建议——假设观者居入其间的入画视点，由中望外的画意才真正出奇，它们被龚贤自题画中的诗句，展现出身体入画后的奇特景象：

「横琴展卷千林上，
尽日楼头唯悄然。」

6

宜居入画

计成的《园冶》，虽没专门罗列花木种类，却常交替地谈及花木种类建议与对花木的感受：

「梧阴匝地，槐荫当庭；
插柳沿提，栽梅绕屋；
结茅竹里，浚一派之长源；
障锦山屏，列千寻之耸翠。」

「梧阴匝地，槐荫当庭」，所谈不只是植物与庭地的位置关系，也是身体在仰俯姿态下对植物叶脉的不同感知；「插柳沿提，栽梅绕屋」，虽牵涉到分类，但更像是对关系适宜的因借建议；「障锦山屏，列千寻之耸翠」，不只有框景如画的感受，似乎感受的位置还游离不定，前一句似乎是身在画外的总体经营，后一句则更像身在画中所感的山峦铺陈。

计成建议「结茅竹里」的位置经营，在张岱的入画感受里，生鲜色活：

「天镜园『欲凫堂』，高槐深竹，樾暗千层，坐对兰荡，一泓漾之，水木明瑟，鱼鸟藻荇，类若乘空。余读书其中，扑面临头，受用一绿，幽窗开卷，字俱碧鲜。」

正是这段描写竹间起居氛围的感受性文字，使我在初涉园林研究的茫然中，在苏州沧浪亭翠玲珑里，第一次有感同身受的居游感受，逆光的密竹，将樾暗千层的碧绿，没入翠玲珑幽暗的隔扇内 (fig...123)，隔扇密集的画格，几将竹子可被分类的形态消隐，却仍能感受到张岱所言「扑面临头，受用一绿，幽窗开卷，字俱碧鲜」的居竹神气。

在郑板桥自题竹图上的「游江」文字里，这类竹居感受，还以旁观如画与居游入画的两种视角，分别展开：

「昨游江上，见修竹数千竿，其中有茅屋，有棋声，有茶烟飘飏而出，心窃乐之。」

这是行望竹居的旁观「如画」，下面才是居游其间的「入画」感受：

「次日过访其家，见琴书几席，净好无尘，作一片豆绿色，盖竹光相射故也。静坐许久，从竹缝中向外而窥，见青山大江，风帆渔艇，又有苇洲，有耕犁，有饁妇，有二小儿戏于沙上，犬立岸傍，如相守者，直是小李将军画意，悬挂于竹枝竹叶间也。」

「净好无尘，作一片豆绿色，盖竹光相射故也」，描述的不只是「悬挂于竹枝竹叶间」的可见竹形，而近乎一种被竹意渲染的静谧氛围，而其所窥见的如画画卷，也非西方景观为我们带来的无关生活的构成式画面，而是包含日常生活场景的入画景物，郑板桥总结道：

「由外望内，是一种境地；由中望外，又是一种境地。」

7

宜居改造

作为可食、可观、可节、可去俗的碧竹雅物，其自身的横斜之姿，却不足以蔽体，与桂离宫将竹编为整齐的篱墙不同，司马光的独乐园，却利用编扎工艺，将这竹林，改造为两类横斜交盖的竹居：

1··· 「堂北为沼，中央有岛，岛上植竹。圆若玉玦，围三丈，揽结其杪，如渔人之庐，命之曰『钓鱼庵』。」
2··· 「畦北植竹，方若棋局。径一丈，曲其杪，交相掩以为屋。植竹于其前，夹道如步廊，皆以蔓药覆之。」

前一类「揽结其杪，如渔人之庐」的屋庐意象，可以直观想象，后一类「夹道如步廊」的竹构，则可从明人仇英绘制的《独乐园》一窥究竟*(fig...124)*，这条狭长的竹林，左高右低，竹皆在边缘生长，却围合出两种竹间居所——两丛低竹将狭地所夹如窄庭，两侧竹林则侧悬如廊；高竹所圈环地则如高屋，屋意被高竹上方所绑扎如攒尖屋盖所强调，司马光就安卧在这片竹堂内，为给其身体增添起居的舒适，他身下还垫着一张虎皮，以将这片竹林进行有屋有庭的改造，竹屋与竹院的关系，类似于李公麟《山庄图》构造出的洞、台关系。

计成对明代盛行的将藤萝横斜枝条编为垂直墙屏的做法，颇为不满，它建议的「不妨凭石」，或许可以假借立石，不但能将藤举高，还能于石上张开横斜姿态，以藤盖庇护石下身体起居的山林惬意。

按这一宜居的植物姿态，可以评估我在苏州所见的两棚藤架的动人姿态：

拙政园一角，有株枝繁叶茂的古藤 (fig...125)，下部以两圈竹柱支撑，上部以两圈弯竹，箍如巨大伞骨，将原本伏地的藤蔓，举高为碧亭华盖，青砖藤池近人坐高处，出挑放宽，甃以细面青砖，为可坐憩处，人们圈坐其下，其身为藤荫所覆而凉，其面为藤色所染而碧，颇有身俱碧鲜的身体感受；与彭乐乐工作室去虎丘，同游者发现一榀奇特藤架，一奇其藤架之大 (fig...126)，大如一榀屋架，二奇其藤架之斜 (fig...127)，其尾斜向藤的姿态，似欲以其架之斜，斜接斜藤上架，以将紫藤在屋架上支张如藤盖，并为藤架背后的厅堂，蓬出一架宜居的碧色缘侧。

fig...127 虎丘某藤架之尾斜接藤，方海军摄

按植物对宜居氛围的经营之功，也可以评价赖特为东塔里埃森设计的茶座的得失：

深受中日庭园文化影响的赖特，尝试改观西方景观无关身体的构成姿态，在他自己的东塔里埃森居所里，他在山坡上一株古木之下砌筑了一圈环坐 (fig...128)，又在树木的斜枝上，悬挂着一枚舶自中国的古钟，以在下午茶时刻，敲响钟声，古木横斜的浓荫，就将这处环坐，遮蔽成一处宜居场所，如今，这圈环坐还在，而那株古木的消亡，却使这圈环坐，沦为导游缅怀其宜人场景的讲解地。

fig...125 拙政园某藤架，臧峰摄

fig...128 东塔里埃森茶会处

fig...126 虎丘某藤架之大，方海军摄

8

如画式样

「裛裛过水桥，微微入林路。幽境深谁知，老身闲独步。行行何所爱？遇物自成趣。平滑青盘石，低密绿阴树。石上一素琴，树下双草履。此是荣先生，坐禅三乐处。」

白居易这首《池上幽境》，前六句的林木幽境，颇似日本后世禅庭气象，随后六句里——白居易以「平滑青盘石」为床，在「低密绿阴树」之下——的乐天随性的「坐禅」起居，却为日本后市禅庭所少见，日本禅庭身体旁观的凝视，导致池庭景物有式样化的精美倾向，并影响到庭园林木的式样化。

对于植物之事，日本造园古籍《作庭记》，虽没建议树木的具体样式，却单独以一篇「树事」，规定了种树的各种风水禁忌，或许这些禁忌，冲淡了身体对居入林木的欲望，而将林木视为旁观的如画式样。日本后世庭园的花木，虽缓解了《作庭记》里诸多的风水禁忌，却难以摆脱其身体旁观式样的如画特征，在京都诗仙堂堂外庭园，就有几株被修剪为几何形体的植物 (fig...129)，单看它们旁观的式样，实在很难与法国古典园艺区分。

日本庭园对罗汉松的奇特园艺，最能反映日本庭园有介于中西方之间的独特气质：一方面，罗汉松四季常青的树冠松针，常常被修整成法国人或许也会喜爱的几何形状；另一方面，罗汉松的枝干，也极尽中国文人也会迷恋的横斜姿态。

日本京都宝泉院，有一株七百年的五叶松，入口隔篱可见，观其形，却难知其为松，其枝冠修剪的精美造型，完全不亚于法国古典园林的修剪工艺——它被修剪为松针铺就的唐破风屋顶形状 (fig...130)，并与一旁建筑的歇山瓦顶，扭身相对；及至屋内，这座「额缘堂」的空间构造，确有将额缘画框压低到额前的低矮，席坐地面，低压的额缘，却尽裁古松修剪精美的冠顶，仅余中段虬枝飞舞横斜，满框如画 (fig...131)，它们极合中国文人对疏影横斜的品位；而堂外那座名为「盘桓园」的庭园，其「盘桓」二字，似乎只描述古松如身体盘桓的打坐姿态，却有身体盘桓不能进入的遗憾——松下庭地，种青苔、置石灯，一派青绿如画而禁人进入的疏离式样。

fig...130 京都宝泉院 松树外观树冠如屋顶，自摄

fig...129 京都诗仙堂前球形植物，自摄

fig...131 京都宝泉院内观松树虬枝横斜，自摄

9
如画构成

深受赖特影响的杰弗里·巴瓦，在他自己的庄园植物园艺，却兼有这两种明确的分工，在住宅高地与内湖低洼的交界处，巴瓦建造了一个可俯瞰内湖或反视宅home的高台，它被几株横斜不一的林木笼罩在宜居的冠影下 *(fig...132)*，树旁悬挂着几个声响不一的铃铛，据说能区分让佣人上茶或协助送客的指令，它们一起将这处风景汇聚之地，打点成中国文人也会迷恋的宜居场所；而在他庄园自宅前的就近草坡上，巴瓦种植的几丛鸡蛋花 *(fig...133)*，枝干极尽疏影横斜，但它们几乎伏地生长的修剪，却更像日本庭园从住宅观望的如画林木，这可能是他深受英国如画式园林影响的如画构成。

欧洲造园的如画式风格（Picturesque），被视为受到过中日园林的造型影响，但康德却更愿意将其视为欧洲近代风景绘画的分支，其「如画」的名称，倒也恰如其分——人们争论风景造园，到底是该再现普桑画中的风景构图，还是应模仿洛兰画中的风景构图，继而决定植物选型——是应临摹洛兰画中常见的丛林茂密，还是刻画普桑画里常见的单株古木，这一将林木视为构图要素的方法，揭露了「如画式」造园与法国古典造园的几何共性，它们虽有对树木的自然与几何姿态的形态差异，但在将林木视为景观构图的几何要素一事上，并无本质区别。

斯杜海庭园，这一被誉为欧洲自然风景园林的最佳园构 *(fig...134)*，很可能就是对洛兰题为《牧羊人的羊桥景观》的如画模仿 *(fig...135)*，两者皆以大树为近景、以桥为中景、以建筑为远景，为了欣赏这类如画式风景园林构图的如画逼真，当时的人们，甚至发明了一种名为洛兰镜的椭圆形赭色镜子 *(fig...136)*，椭圆形，或许来自巴洛克迷恋的画框形状，而赭色，则出自拉斐尔为文艺复兴奠定的古典色彩基调，有了这面镜子两项如画的形色保证，游园者尽管有入园的身体，却将画意寄托在这面镜中，人们并非要享受身体入画的惬意，而是从镜中影像里检验——林木、石桥、建筑这些要素是否符合洛兰绘制的风景画的画面构成。

fig...132 巴瓦，卢努甘卡庄园台地树荫，自摄

fig...133 巴瓦，卢努甘卡庄园宅前鸡蛋花树，自摄

fig...134 英国斯杜海园林构图关系

fig...135 洛兰《牧羊人的羊桥景观》

fig...136 洛克之镜

雷普顿虽试图纠正这类对自然进行二次模仿的「如画」理论，但他建议的要区分风景绘画与真实自然风景的观感差异，还是继承了西方中世纪造园身体旁观的视觉习惯，十八世纪的奈特，曾将这类「如画」构图原则向风景造园专业推荐，在这里，连住宅的宜居视野，都将让位于旁观生活的抽象构图：

「当选择一个住宅的地点时，它应该放在一个如画的位置上，这比它应该有一个好的视野更重要。」

抽象构成

三年前，中国美术馆举办了一场题为「从马列维奇到康定斯基——欧洲构成主义」的展览，我在闭幕前一天去，美术馆仅有几位观众，正手持宣传简介，静静对看墙上的抽象艺术，我因有过对这类作品的几年关注，就免去简介，径往墙上观望，中途却渐生不安，墙上作品与一旁的编号名称，似乎开始错位，但抽象艺术的晦涩，让我也不很肯定，就去柜台翻看一本印有全部展品的画册，对照之下，墙上大概有三分之一的作品，皆因编号的错位，已如多米诺般全部离题，截至闭幕前的这一天，无论是认真的观众，还是负责布展的承办方，都还没发现这一不小的纰漏，这或许才是西方现代艺术的真正处境。

尼采宣称「上帝已死」后的西方现代艺术，从时间上，都要宣称它们反神学的时代使命；从使命上，都宣称要创造符合一切大众审美的普适艺术，以将这一神圣使命，从上帝的掌握中接管过来；正是在普世性使命上的一致性，遂使西方主流的现代艺术，先天具备他们曾反对的神学气质。

一百年前，在《抽象与移情》里，沃林格为即将到来的抽象艺术，得出的让人惊悚的抽象结论——抽象源于恐惧，这恐惧，就与基督教将身体的有朽视为恐惧类似；为抵抗这恐惧，抽象艺术以抽离一切相关生命的流变特征为代价，以抵达抽象艺术的无机永恒的步骤，也类似于宗教将身体视为原罪的献祭，以换取上帝为灵魂许诺的永恒救赎。沃林格虽剥离了古典上帝的存在，却将中世纪证明上帝神性的几何造型，视为抽象艺术所能抵达的共相成果。

在这一共相理论的造型指导下，凡·杜斯堡从一具有生命的舞蹈者身体里抽象出来的无机几何造型 *(fig...137)*，就也能抵达蒙特里安从树里抽象出的几何造型；这一以牺牲万物流变差异而获得的无机共相造型，就能立刻反馈给原本无机的建筑，密斯的巴塞罗那德国馆著名的流动空间 *(fig...138)*，据说就受启于凡·杜斯堡这件自舞蹈家身体抽象出来的几何造型，作为抽象艺术具备普适性的通用证据，隔代而至，几十年后，密斯这件颇为抽象的建筑平面图，又为哈佛的景观先锋丹·凯利提供了景观种树的灵感，当他兴奋地用几排树木模拟密斯的三维墙体构成时 *(fig...139)*，虽从单株树木造型上，他恢复了树木自然的横斜姿态，但其意欲从几何群树构成如墙的植物意象 *(fig...140)*，却立刻坠入法国古典造园的植物窠臼，凡尔赛宫修剪过的几何林木 *(fig...141)*，倒比它们更像建筑墙体。

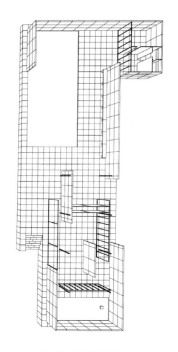

fig...138 巴塞罗那德国馆轴测，
图片出自《东西方相遇》

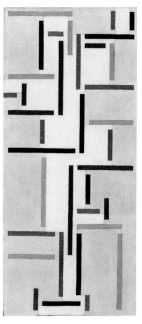

fig...137 凡·杜斯堡《俄国舞蹈的节奏》

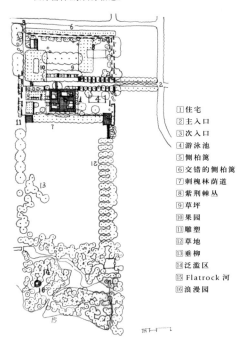

① 住宅
② 主入口
③ 次入口
④ 游泳池
⑤ 侧柏篱
⑥ 交错的侧柏篱
⑦ 刺槐林荫道
⑧ 紫荆棘丛
⑨ 草坪
⑩ 果园
⑪ 雕塑
⑫ 草地
⑬ 垂柳
⑭ 泛滥区
⑮ Flatrock 河
⑯ 浪漫园

fig...139 米勒花园平面图

fig...140 丹·凯利设计的米勒花园植物景观

fig...141 凡尔赛宫花园树墙，韩德泉摄

先锋与古典，这两类刻意以时代区分的差异，却在景观文化的空间造型上返祖，这是西方现代艺术反神学的必这宿命，而在失去指向上帝神性的理解线索之后，这些失魅的抽象造型，就难以被——哪怕是西方的现代大众所理解，而神学以否定大众身体来为灵魂永恒献祭的传统，还为这类现代艺术的通用造型语言，遗传了其无关身体日常感知的神学通病。

11

林木诗意

白居易在一篇《君子不器赋》里，也曾尝试着将水之成形法，与林木的成器法通用：

「若止水之在器，因器方圆。如良工之用材，随材曲直。」

他在另一篇以「随物成器，巧在其中」为韵，撰写的《大巧若拙赋》，还试图将人工器物成形的空间工艺，提升到《易经》哲学的通用性高度：

「盖取之於巽，受之以随。动而有度，举必合规。故曰大巧若拙，其义在斯。」

「巽」与「随」这两卦，皆有谦逊，顺从之义，白居易用这两卦讨论「随物成器」，所用「随材曲直」的例子，就针对林木枝干的曲—直姿态——工匠去山里选择林木时，想要制作栋梁，就选择林木朝天生长的笔直部分，想要制造车轮，不妨选择林木近地弯曲的部分。白居易用以描述器物造型的方—圆，与用以描述林木姿态的曲—直，其手段也颇为抽象，却与抽象艺术要将流变彻底抽离相反，以「近取诸身，远取诸物」为核心的《易经》，其名称就表明它是一部相关变易的经典，其阴—阳构词，源自对万物流变两极的基本概括，从造型上，林木的横—斜变化，就能与身体的开—合活动，保持着天然匹配的宜体关系；从机制上，它就不必牺牲万物流变的生命特征，也能获得万物通用的造型法则。

白居易的「因器方圆」或「随材曲直」的成器法，就分别以「方—圆」「曲—直」通用于「阴—阳」，它们不但与苏轼相关画水的随物赋形法，如出一辙，其以「巽」卦所构造出的——「因……

随」句法，也可通用于计成在《园冶》里最核心的「因借」句法：

「因者：随基势高下，体形之端正，碍木删桠，泉流石注，互相借资；宜亭斯亭，宜榭斯榭，不妨偏径，顿置婉转，斯谓『精而合宜』者也。」

「因」法的核心，就是「随」，随「基势高下」—「宜亭斯亭」；（随）「体形之端正」—「宜榭斯榭」；（随）「碍木删桠」—「不妨偏径」；（随）「泉流石注」—「顿置婉转」，「随」的动作，所接替的「应变」赋形，从创造力上，就能避免现代艺术在上帝神性陨落后的必然危机——从神学的诗意「创造」，向着被柏拉图鉴定为几何「制造」的堕落；从造型上，也不必面临抽象艺术偏执一隅而无法识别的单一性危机；被龚自珍批判病梅之病，并非在其横斜之姿，而正在于其执其一端——在曲—直间，以曲为美；在欹—正间，以欹为美；在疏—密间，以疏为美——的美学之病。

12

林木不尽

童寯援引小堀远州对庭园的品评——庭园以深远不尽为极品，切忌一览无余——以证明中日造园在「深远不尽」的空间目标上，有着一致的追求。但微妙的分别，还可辨析，《作庭记》对植物的多数具体规定，与其对立石的规定类似，尽量以不遮挡庭园景物为准，即便意欲成为森林的「杜岛」，橘俊刚也要求——疏植林木，其树茂密，下枝令稀疏空透——它就多少具备法国园林一览无余的空透气质 (fig...142)，而关于空间深远之事，橘俊刚只在讨论瀑布水口时才有比较接近的建议，他建议以林木隐藏瀑布水口，以经营「林深幽邃之感」。

fig...142 京都修学院离宫池岛植物，王欣摄

尽管宋词里有对林木经营幽深空间的大量经验，计成对庭园深境的追求，已不限于以林木经营：

在「选胜落村，藉参差之深树」里，村庄地的深境之「深」，还明确用「深树」经营；而在「山林意味深求，花木情缘易逗」里，山林的深意，却需由山与林共求 (fig...143)；在「深意画图，於情丘壑」里，图画的深境，可以假山丘壑独谋；而在「予观其基形最高，而穷其源最深」里，山高水深，亦可由山水共谋；在「深奥曲折，通前达

后，全在斯半间中，生出幻境也」里，深奥的庭园幻境，竟也是厅堂建筑的立基追求；而在「借外景，自然幽雅，深得山林之趣」里，计成揭示了中国园林经营空间幽深的总则——万物以相互因借而幽深，而其「借景」五法——远借，邻借，仰借，俯借，应时而借，出人意料地将空间因借法与时间因借法并置一起，它诠释了计成为借景大段景物铺陈的时间线索——园林空间不尽的感受，却在植物四季的时间流转中回环，计成以时间不尽的空间深意，作为整部《园冶》的诗情结尾：

「然物情所逗，目寄心期，似意在笔先，庶几描写之尽哉。」

我忽然意识到，被中国园林置于最高追求的「深远不尽」，其中「深远」二字，是空间经营的目标，而「不尽」二字，则以时间不尽的生命追求，提供并制定了空间的「深远」目标，它让我重审郭熙在《林泉高致》里，相关林木与深远的论段：

「山之林木映蔽以分远近、山之溪谷断续以分浅深、水之津渡桥梁以足人事。」

郭熙建议以林木的映—蔽、溪谷的断—续，分别经营空间的「远—近」「浅—深」，并与津渡桥梁所经营的人事并置，我猜，正是对时间不尽的人事期望，才能从这空间的「远—近」「浅—深」里，分别选取一极，以重构「深—远」，并作为空间经营的整体目标。

它也让我重新检视中国山水史相关「经营位置」的核心「种」概念的指向，它们由劭弘在《衍义的「气韵」——中国画论的观念史研究》里所梳理：

「宾主（元汤垕）、疏密（元倪瓒）、呼应（明沈颢）、藏露（明唐志契）、繁简（明沈周）、开合（清王原祁）、虚实（清笪重光）、纵横（清笪重光）、动静（清戴熙）、参差（清郑燮）、奇正（清龚贤）等。」

如今，我才意识到，这类处于流变两极的核心术语，都还只是空间经营的句法，只有当它们构造出时空合一的「深远不尽」时，它们才能为无机的绘画空间，带来相关生命不尽的气韵指向；我也意识到，与「深远不尽」相对应的「一览无余」，虽作为中国园林空间经营的忌讳，但它能指向西方神学许诺过的时间永恒，也担保了它在西方神学时间庇护下的空间诗意。

装折肆态 *

Four Stances of
Zhuangzhe

* 首次发表于《建筑师》2015年第05期，
总第177期，80页

将"装折"视为"装修"的等效物，掩盖了园林装折有别于
家宅装修的特殊性，将装折视作建筑与景物错综的空间转
折法，则能装折出居景错综的四种——庇体、如画、入画、
无尽的空间姿态。

Deeming *Zhuangzhe* as a Jiangnan pronunciation of
Zhuangxiu oversimplifies it to the decoration of resi-
dences and disguises its specificity as a role in gardens.
Considering *Zhuangzhe* as a method to deal with the
interactive relationship between buildings and scener-
ies, on the other hand, could help discover four spacial
postures of dwellings and sceneries: body protection,
picturesqueness, pictured bodies, and endlessness.

1

建筑之树

一百多年前，弗莱彻以——中国建筑，自成型以来毫无变化——的造型理由，非论中国建筑的「非艺术性」与「非历史性」，后来，他将中国以及受中国影响的日本建筑，置于他那棵著名的建筑之树的末枝 *(fig...144)*，以刻画其停滞不变的造型状况。

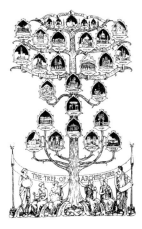

fig...144《弗莱彻建筑史》
建筑之树

日本艺术史学家伊东忠太，在最早的《中国建筑史》里，试图为中日建筑辩护，中国建筑的「非历史性」，不难辩驳，中国建筑的亘古少变，恰恰证明中国建筑史举世无双的延续性，只是其微妙的内部变化，非从外观风格可以揣度。在我看来，那棵由希腊、罗马、文艺复兴、美国构成主干的建筑之树，其历史性反倒可疑——希腊建筑与罗马建筑，即便从结构逻辑而言，也是本源不同的两类建筑，而文艺复兴对这两类建筑风格的隔代嫁接，却需将哥特建筑的千年枝干折断，以时间错乱的代价，才能塑造出西方建筑史风格多变的艺术性。

若以这种建筑本体的风格变化，证明中国建筑的艺术性，显然相当困难，伊东忠太曾从中国

建筑隔扇的无尽式样里，发现它有相关艺术的变化特征，它虽不在西方建筑艺术的本体论语境内，伊东忠太在北平中国营造学社演讲时，还是将中国建筑「装折」的多变性，视为中国建筑的七大特点之一：

「支那建筑之装折，千态万变，往往出人意表，即如窗，其轮廓有曲尽奇妙，至于窗格，尤不可臆测；……其他装折，亦复如是，此又世界无此珍异现象也。」

伊东忠太所用「装折」一词，与计成在《园冶》里的用词一样，据说它是江南一带对「装修」一词的方言表述，「装折」一词，自此被「装修」纠正。但这两个词，在整篇《园冶》里，也只各出现一次，「装折」一词，作为篇名出现，「装修」一词，就在「装折」篇的首句：

「凡造作难于装修，惟园屋异乎家宅。」

这是计成一贯的口吻，在《园冶》各篇开头，计成几乎都要讲园林之事，如何有异于住宅，我疑心，计成在园林用「装折」，正是要刻意与家宅的「装修」区分，计成随后就讲到「装折」的特殊之处：

「曲折有条，端方非额，如端方中须寻曲折，到曲折处还定端方，相间得宜，错综为妙。」

这「曲折有条」里的「曲折」，或是「装折」之「折」的园林条理。

2

装折题解

三年前，周仪发给我一段对《园冶》「装折」篇的读注，按其以「因读借景，重读装折」开头的跳跃读法，我大致能将「装折」篇的余下文字，作如下分段：

1… 「装壁应为排比，安门分出来由。假如全房数间，内中隔开可矣。」

此类「装壁」之事，实属「装折」之「装」，与家屋「装修」之「装」类似，装壁以分屋宇内外，安屏以割居室大小，这是相关「装折」的空间庇体任务；

2… 「定存后步一架，余外添设何哉？便径他居，复成别馆。砖墙留夹，可通不断之房廊；板壁常空，隐出别壶之天地。亭台影罅，楼阁虚邻。绝处犹开，低方忽上，楼梯仅乎室侧，台级藉矣山阿。」

周仪认为，这才是园林「装折」之「折」，其所涉之事——从屋架到廊屋乃至墙地之广，绝非以大木讲结构、小木管装修的二分法可解，它们皆有从家宅向园林空间进行转折的身体面向，略过「装折」篇中间相关隔扇的一段文字，周仪掐头去尾地摘出末段里的关键：

「出幙若分别院；连墙儗越深斋。」

对这两句曾被广为注疏的文字，周仪注意到的却是其居住经验的感知反常——「出幕」之事，常用于室内，以分割斋室；「连墙」之事，多用于户外，以分庭别院。计成特意错综两者的内外经验——以幕别院、以墙连斋，周仪以通感

来诠释这反常——幕与墙、院与室，因有身体感知的空间类似性，就能装折出内外错综的空间奇境，她将前段两句「楼梯仅乎室侧，台级藉矣山阿」——剪贴至此，以示范装折错综的空间妙法——从道理而言，楼梯爬楼，与石蹬登山类似，从感知而言，爬楼与攀山，却完全两样——前者属日常起居行为，后者为山水行游乐事，一旦以山与梯错置，则能装折出居游错综的感知奇境。这奇境，既有苏轼所言——反常合道谓之奇——的可循道理，也颇得计成「性好搜奇」的感受之奇。

以身体感知为线索，我大致能将园林装折的空间任务归为四态：

1… 装折庇体态——重点为屋宇与身体的庇护关系；
2… 装折如画态——重点为屋宇与景物的对景关系；
3… 装折入画态——重点为居景错综的居游关系。

作为中国园林「深远不尽」的共同目标，它们共同指向空间装折的理想态：

4… 装折不尽态。

我以为，空间装折的时间不尽态，就缀在「装折」末尾两句的时韵构赏间：

「构合时宜，式征清赏。」

3
装折庇体

在《山居赋》里，谢灵运将中国以大木作构造的栋宇，视为对原始巢穴的祛弊改良：

「若夫巢穴以风露贻患，则《大壮》以栋宇祛弊。」

以《大壮》为卦的栋宇结构，旨在改良对身体有风露贻患的巢穴，它出自《周易·系辞》：

「上古穴居而野处，后世圣人易之以宫室，上栋下宇，以待风雨，盖取诸《大壮》。」

「上栋下宇」之「栋」，特指构造房屋的梁柱结构，「上栋下宇」之「宇」，则指由梁柱构造出的房屋檐口意象，「以待风雨」的「待」字，还表明，中国建筑构造的檐宇深远意象，一开始，就有朝向自然风雨的乐观面向。

相对于中国建筑以栋宇结构的举折或起翘，来平衡避雨与纳光的庇体需要，被北宋《营造法式》归为小木装修的槛阑勾窗 *(fig...145)*，其立

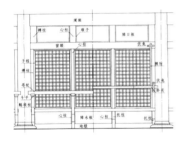

fig...145 《营造法式》阑槛勾窗的障水与障日

面上下分别标注的障日板与障水板，见证了装修也能分担避雨纳光的庇体重任——有了隔扇底部密闭的障水板，中国建筑的大木出檐，就只需承担障水板以上的避雨功能，唐宋建筑出檐渐浅的变化 *(fig...146)*，大致与此相关，人们却将这种出檐变化，视为造型退化。就出檐对身体的避雨功能而言，若以障水板之上的柱高，比对宋代建筑的出檐深度，其比例，与唐代以全柱高与全出檐之比，应不遑多让。

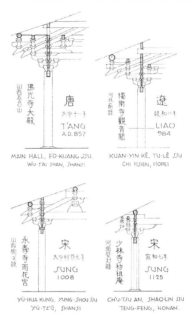

fig...146 斗拱与出檐演变图局部，
　　　　出自梁思成《图像中国建筑史》

日本古建筑屋宇的出挑深远，虽被认为继承了唐构遗韵，但更可能是中日起居身体差异的印证，为庇护日本人席地下沉的身体，屋檐出挑的深度，就必须覆盖整个地面 *(fig...147)*，而中国建筑的身体，随宋代普及的垂足家具而抬高，檐下隔扇底部封闭的障水板，既不会遮挡向景的视线，还能分担屋顶避雨的部分功能，它导致中国屋檐由深到浅的变化，还能为居室装折出纳光暖室的身体诗意——浅檐能让阳光更好地进入室内。

fig...147 天龙寺方丈深檐庇体，自摄

fig...148 南宋·刘松年《四季山水图》局部

fig...149 南宋·刘松年《四季山水图》
冬图局部

扬之水在《宋人居室的冬与夏》一文中，展现了宋代居室，如何以装折与结构交错而为，共同调适居室内生活的身体诗意，南宋刘松年绘制的《四季山水图》，夏图中完全敞开的水榭 *(fig...148)*，外圈深色的细柱，并非结构，它们是为冬季安装隔扇的小木框架，从其冬图的雪景中 *(fig...149)*，一样的水边榭，四周这圈被《营造法式》归为小木作的擗帘竿，就被满槏落地的亮子完全包裹，以将起居的身体，从深檐之内，推出檐柱以外，推至小木装修的外框，以便暖阁受光。这也是日本书院造建筑——譬如桂离宫的改造趋势，人们夸耀日本建筑出挑深远的古意，却对桂离宫出奇的浅檐 *(fig...150)*，视而不见。

fig...150 京都 桂离宫出檐，自摄

4

如画隔扇

与此对称，为证明中国传统建筑独立的梁架结构，具有与现代框架结构类似的先进性，中国建筑史家，多将目光聚焦于中国全木结构的大建筑，而伊东忠太却发现，全木结构，只是日本席地生活的主要建筑特点，在中国北方，更大量的例子，则是砖木混成。即便太和殿的平面，也是以砖墙围成 U 形平面，只向南曦开敞 (*fig...151*)。大量的四合院，也以砖墙围成三面封闭的 U 形 (*fig...152*)，敞向庭院的面向，还多半以半高的槛墙，承托半墙隔扇，这截槛墙名称里

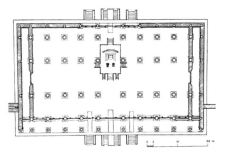

fig...151 太和殿平面

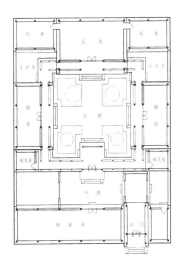

fig...152 北京四合院

的「槛」字，或是对槛窗下槛障水板的砖墙置换，其砖材，改良了障水板的保温隔热性能，其高度，则能平衡室外采光量与室内向外的视线，在「装折」篇里，计成对园林隔扇或槛墙的高度建议，是比室内桌面稍高寸许为妙，这半截矮墙，虽会对日本席地的视线，造成难堪的向景遮挡，却成为明清江南园林隔扇的普遍高度。

「门扇岂异寻常，窗棂遵时各式。掩宜合线，嵌不窥丝。落步栏杆，长廊犹胜；半墙间隔，是室皆然。古以菱花为巧，今之柳叶生奇。加之明瓦斯坚，外护风窗觉密。」

在计成这段装折文字里，「半墙间隔」，在江南园林里大概有两类做法，一类砖墙隔扇各半 (*fig...153*)，另一类则将隔扇的障水板做到槛墙高度 (*fig...154*)，这两类都在民宅里使用，它们与家宅异常之处，或许只是装折图案的差异，但我至今也不清楚，计成的柳条窗，如何能让园林生奇。这些年来的园林游历，让我印象最深的园林隔扇有二：

fig...153 半墙隔扇之一，沧浪亭翠玲珑，自摄

fig...154 半墙隔扇之二，拙政园留听阁，自摄

1… 青藤书屋的隔扇 (fig...155)。十几年前，雨间误入青藤书屋，满堂隔扇障水板高度，大致按计成在「装折图示」里的提示，刚刚高过书桌寸许，合上隔扇，书桌诸物，尽隐于密闭障水板的阴影里，障水板上，尽为障纸方格，天气晴

fig...155 绍兴 青藤书屋隔扇

好，则可隔扇尽开，但这只是日常家宅通用的小木装修，其反常在密闭的障水板下，忽垫以空石框，石框直接落地的一圈空透，不但照亮地面，还能俯瞰桌下庭外石池的游鱼碧苔，颇得计成在书房山里——俯于窗下，似得濠濮间想——的气象，这类装修隔扇罕

有的变化，算是错综庭景的园林装折；十年后，邀王澍、彭怒、张斌等友人再去，书房两侧，庭院池藤景物大抵没变，书房内一排高过障水板上沿的密闭展柜，不但拥塞石框而难以瞰水 (fig...156)，还大有凌乱不堪的败象，装折的小变，竟能尽改园居氛围。

fig...156 绍兴 青藤书屋隔扇现状，自摄

2… 拙政园远香堂的隔扇 (fig...157)。多年前，与一群好友围观远香堂，有惊其隔扇制作标准化的现代性，有讶其满堂空透隔扇的空间流动性，我则被其与景物透射的幻境所惑，夹堂的两层隔扇玻璃，既能透来那边的小山绿林，也能反射这边的山水碧色，而深色隔扇的光面油漆，自身还以反射叠加逆光碧色，王澍将我这疑惑，转向当代建筑的设计思考，他认为当代建筑，仍有用光面漆的正当性，我以为，这是针砭建筑师喜亚光而厌亮光的至今趣味，装修漆作的亮光技术，若置于居景错综的装折任务里，就有无关时代的正当性。

fig..157 拙政园 远香堂隔扇，自摄

5

装折如画

就风景裁剪如画而言,苏州园林的如画隔扇,似不如日本京都庭园框景精致。周仪在其最近的博士论文撰写过程中,对这一话题也有所展开,并将这种框景的差异,视为中日身体向不同方向位移的结果。与中国园居身体外推的趋势相反,日本从寝殿造向书院造的演变过程中,身体却向居室深处退隐,对应建筑空间的演变——正与唐深宋浅的檐宇变化相反,书院造的「广缘」之「广」,就是对寝殿造「缘侧」空间的增广,「缘侧」原指被出檐所庇的狭长空间,「广缘」对此的扩展,是将檐柱内的一跨空间与「缘侧」合并,从妙香寺退藏院或桂离宫古书院来看 (fig...158),「广缘」与「缘侧」,常并存在书院造外圈,「广缘」常面对庭园主景,其空间扩展,就可视为对居景关系的空间装折,位于广缘内侧榻榻米上的身体,距离外部风景,就比寝殿造时期更加深远,就更适合禅坐的旁观静望。

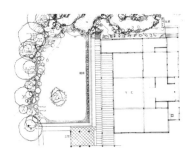

fig...158 妙香寺退藏院方丈前广缘减柱,图片出自《日本之庭》

静观的身体,易于控制建筑与景物对景的准确关系。从庭园造景而言,身体相对静止的观望,可对庭园景物,作出视框内的造型调整,橘俊刚就从堂观的视角,纠正庭园立石成组的动观乱象;而千利休对庭院立石或种植的建议——按近大远小的方式布置,几乎有类似于西方定点透视的静观要求;从居室观景而言,相对静止的

视野,还能对框景建筑进行反向操作——与缘侧以出挑担保的无碍视野相比,广缘却要处理身体与庭景之间的一排檐柱,书院造为此所作的减柱结构调整,让人惊讶,这类减柱造,在中国庙宇,常发生在檐柱以内的柱列,以给佛像提供凝视无碍的高阔内空;而在书院造里,所减之柱,却常是外圈檐柱 (fig...158),旨在无碍地横观庭景,周仪的这类空间发现,大概能证明,日本人对静观庭景之事,确有类宗教的凝视感情。

这类空间改造,与日本的推拉门一起,成就了日本两类建筑与景物的空间装折:从桂离宫古书院的推拉门往外看 (fig...159)(fig...143),因为对檐柱使用了减柱造,广缘外侧的稀疏檐柱,就被推拉门所隐匿,视觉之内,就只剩裁剪的方框与风景自身;宝泉院的额缘堂,则以可完全拆卸的隔扇 (fig...160),装折出全景式横幅借景,它甚至还保留有类似门槛的画幅底框。

fig...159 桂离宫古书院推拉门视框

fig...160 京都宝泉院框景,自摄

书院造日趋静观的禅坐身体，在向居室内退同时，还压缩了寝殿造原本提供动观的长廊，从体量看，日本从寝殿造向书院造的演变过程中，有体量压缩的聚集趋势。书院造聚集的雁形体量 (fig...161)，其对角相接的平面，虽能担保静观风景的多个面相，但也牺牲了建筑深入庭景的机会，寝殿造时期，两端以中门廊连接的钓殿与泉殿，还以离散的体量，直接架跨水上，身体本可直接俯瞰庭池 (fig...162)，日本后世的书院造建筑，虽沿用最宜架山跨水的干阑式结构，却多半放弃了架临水面的钓殿做法，就庭园景物的视觉经济性而言，原先藏于钓殿附近的石池水面，对退入广缘深处的席地身体而言，实在难以被视知，除开在水面浩大的特殊庭园，日本后世的庭园建筑，则多半与池岸退离足够的距离，继而使身体与景物间，保持着静观如画的疏离关系。

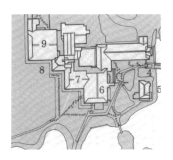

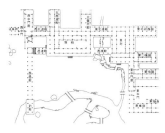

fig...162 平安京东三条殿复原平面里钓殿与池的关系，
转自张十庆著《〈作庭记〉注释与研究》

6

离散对景

在一篇《从美人靠到阑槛钩窗》的文章中，周仪从阑槛钩窗的立剖面 (fig...163-164) 发现，中国人并未纯然将小木装修视为分割室内外空间的界面，从宋画《风檐展卷图》来看 (fig...165)，一旦拆下阑槛上的勾窗，檐下空间将敞成一圈可凭坐的美人靠家具，中国人如此迷恋面向自然的生活，以至于要将身体推向与自然交界处的墙身大样里。

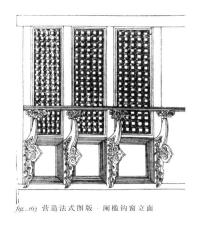

fig...163 营造法式图版·阑槛钩窗立面

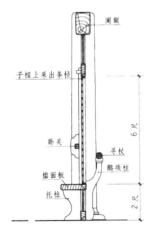

fig...164 阑槛勾窗剖面

fig...165 （传）宋 · 赵伯骕《风檐展卷图》

但《风檐展卷图》里的身体，惬意之处，并不对
称，榻上主人，可直接面对檐外风景，而美人
靠上的身体，只能面对主人背后屏风上的如画
山水，要么将身体扭向庭景，这种向景生活的
扭力，不但能呈现美人的腰肢动态，还将这圈
美人靠继续向外推移，几十年后，到刘松年《四
季山水图》里的那幅夏图里 (fig...148)，在《风檐
展卷图》里位于檐柱间的美人靠，已被推向最
外侧的擗帘竿位置，在这个位置，俯身即可临
风瞰水。

身体入画的居游动力，最终将中国人的身体，
从郭熙「不下筵堂，坐穷泉壑」的身体，带出筵
堂，进入泉壑山林的入画居游，并将谢灵运「栋
宇居山曰山居」的山居栋宇拆散，拆成离散的
亭台楼馆，棋置于山水高下远近之间，经营建
筑与景物间更活变的居景关系。与日本从寝
殿造向书院造表现出的建筑压缩与聚集相反，
从宋元明中国山水画中的建筑格局演变，大致
能检视中国园林建筑的离散趋势：

北宋范宽的《溪山行旅图》(fig...166)，与郭熙的
《早春图》类似 (fig...167)，建筑格局，大致符合
谢灵运对山居的定义——栋宇居山曰山居，它
们与城旁的家居栋宇，几无区别，南宋马远绘
制在《踏歌图》里的山居建筑 (fig...168)，已有
疏密不均的离散趋势，画右沉浮于丛林间的

fig...166 北宋 · 范宽《溪山行旅图》局部
绢本，浅设色画

fig...167 北宋 · 郭熙《早春图》局部

fig...168 宋 · 马远《踏歌图》局部

成组楼阁，画中卧于山谷的敞廊，画左悬壁的
一角山亭，它们与山势的变化关系，呈现出更
为贴切的即景关系；元代王蒙《具区林屋图》
(fig...169)，或黄公望的《水阁清幽图》(fig...170)，
建筑已拆散为建筑单体，因此能锚固在最恰
当的入画位置；明代沈贞的《竹炉山房图》里

的两幢建筑 (fig...171)，虽制式类似，却因即景差异，而有竹居静暖、水榭喧凉的入画感受；文徵明绘制的《东园图》(fig...172)，大抵呈现了计成之前的江南园林屋宇的景象，虽有人工园林的建筑密度需求，但建筑大体还是被拆分为单幢的轩阁，按高下、疏密的方式，居景错综。

作为晚近的园林证据，苏州网师园不大的池面附近，就散置着亭、阁、轩、廊，作为身体外推的证据还有——原先附着在檐柱下阑槛钩窗内的美人靠，也从檐下推出，推向「竹外一枝轩」的轩外 (fig...173)，缘廊环池，出屋入景，朱红靠背如栏，计成说——栏杆信画，因境而成，大概就有朱栏如画而身体入画之境。

fig...169 元 · 王蒙《具区林屋图》

fig...170 元 · 黄公望《水阁清幽图》

fig...172 明 · 文徵明《东园图》

fig...171 明 · 沈贞《竹炉山房图》

fig...173 网师园轴恻，建筑散置于池景周围，
转自刘敦桢《苏州古典园林》

7

廊房入画

身体入画的动力，进一步将明清家宅合院的檐廊拆离，拆成独立的折廊，随着入画的身体，被带入园林景物深处，计成不无得意地夸耀他专为园林空间发明的折廊：

「廊者，庑出一步也，宜曲宜长则胜。古之曲廊，俱曲尺曲。今予所构曲廊，之字曲者，随形而弯，依势而曲。或蟠山腰，或穷水际，通花渡壑，蜿蜒无尽，斯窃园之『篆云』也。」

尽管计成将这段折廊文字，置于《园冶》的「屋宇篇」，作为对「庑出一步」的屋廊改造，它虽类似于装折「后步一架」的檐廊结构，但其空间任务，则从家宅装修的「便径他居」，转向折廊入景的居景错综。他认为古代曲廊，要么以直角的曲尺形折，或以圆形的圆规曲，从马远的《踏歌图》看 *(fig...168)*，其两段盘山廊，卧于山间的折廊，似如曲尺折，而抱于崖侧的曲廊，也似圆规曲，计成的之形曲，则以更加柔软的姿态，应和山水景物的形势变化——随形而弯，依势而曲，人工建筑与自然风物即景错综——或蟠山腰，或穷水际，通花渡壑，蜿蜒无尽，建筑与景物装折应对的柔软，被计成以「篆云」夸耀。拙政园西部贴水长廊，其鸟瞰如篆云般的造型 *(fig...174)*，可视为居景装折的错综佳证：

fig...174 拙政园鸟瞰，自摄

廊基地局所在的山高水低，为这条长廊奠定了「低方忽上」的起伏之势，而其更加细微的造型变化，无不由居景应变错综而成——这条长廊东南，贴水抱山而低；往北初遇古木而高，以蓄其根土 *(fig...175)*；再东遭遇小舟埠头而低，以接廊行与泊舟水行 *(fig...176)*；旋即两分，一廊岔往东北见山楼而高，以佐爬山之势；一廊继续北上，跨水拱而再高，以显其廊跨两池高差间的水落石出 *(fig...177)*；最后，长廊向西北骤降，且折入最北最近水面的倒影楼，才结束其连绵不绝的高低应变 *(fig...178)*。其鸟瞰如云

fig...175 拙政园贴水长廊近树而高，唐勇摄

fig...176 拙政园贴水长廊泊舟而低，唐勇摄

fig...177 拙政园贴水长廊攀山跨水两高，臧峰摄

fig...178 拙政园贴水长廊，倒影楼近水而低，
万露摄

的动变造型，既是人工建筑与自然基地媾和的
关系产物，也是建筑对基地景物装折应变的结
果。被计成置于「相地篇」与「屋宇篇」之间的
「立基篇」，就可视为屋宇对地形应变的空间装
折，在「廊房基」的一段文字里，计成罕见地重
复了他对廊房入画的空间迷恋：

「廊基未立，地局先留，或余屋之前后，渐通林
许。蹑山腰，落水面，任高低曲折，自然断续
蜿蜒，园林中不可少斯一断境界。」

计成用「一断境界」里的「断」字描述境界，也
意味深长，这断境的任务，大抵就是墙垣之功，
断与不断，正是计成命名「房廊」的两性——房
以墙合可断视线，廊以柱敞能续美景，拙政园
这条房廊，或因历史曾分界两家之故，其廊横
剖构成，大多皆为东墙西柱，房廊遂东断而西
续；就其平面而言，房墙与廊柱，亦有断续，就
其柱廊西凸埠头处 (fig...179)，其墙不随，墙廊

断离间，折出一方天光隙院，所植芭蕉受光反
光，竟如雪夜泛光照壁；这截墙体自身亦有断
续装折，墙以四方花窗嵌壁其间，以尽视觉断
续两可之折，断续之最，则为廊东南角的别有
洞天 (fig...180)，粉壁绵延断绝处，忽洞开深洞，
尽受东园的山高水远，正是廊墙的断境之功，
才使东西两段断绝空间间，有「绝处犹开」的
装折之妙。

fig...180 拙政园别有洞天，自摄

fig...179 拙政园贴水长廊与隔墙脱开，藏峰摄

8

墙垣入画

廊房被进一步拆散为墙、廊两项，顺理成章。

这些离房入景的墙垣，被《园冶》单列成「墙垣」篇：

fig...181 宋・刘松年 斗茶图（部分）

「凡园之围墙，多于版筑，或于石砌，或编篱棘。夫编篱斯胜花屏，似多野致，深得山林趣味。如内花端、水次，夹径、环山之垣，或宜石宜砖，宜漏宜磨，各有所制。从雅遵时，令人欣赏，园林之佳境也。」

这些材料不一的庭园墙垣，被身体居游入景的欲望，带入不同的庭园景物深处，它们如同深入园景的折廊一样，也能深入到——如内花端、水次，夹径，环山的景物深处，这些墙垣，摆脱了为栋宇分隔内外的庇体功能之后，散入庭园景物深处，以完成计成——出幙若分别院，连墙僛越深斋——的居景装折。

我以为「出幙若分别院」，大概是计成所在明代户外起居的入画时景，与宋画常将长桌高椅搬入庭中生活不同 *(fig...181)*，明代绘画里，还常在这些户外家具旁边，摆设屏风隔扇 *(fig...182)*，以将庭院向景的生活，改造成室内起居模样；我以为「连墙僛越深斋」，才是计成针对这类明代场景的特殊装折，而其空间深意，就是要用深入园景的墙垣，置换这些临时性屏风隔扇，为装折其空间画意，在「装折」篇相关隔扇图示之后，计成另辟「门窗」一篇，以借美景、收佳境：

「佳境宜收，俗尘安到。切忌雕镂门空，应当磨琢窗垣；处处邻虚，方方侧景。」

fig...182 明・仇英《竹院赏古图》

这门窗，就非屋宇分割内外的门窗隔扇，我以为，计成将这篇「门窗」，置于「墙垣篇」之前，一如他将「装折篇」，置于「屋宇篇」之后，「装折篇」的任务，是将屋宇装折成如画模样，而「门窗篇」的任务，则是对深入园景的独立墙垣的特殊雕琢——「切忌雕镂门空，应当磨琢窗垣」，没有屋宇隔扇分隔室内外的庇体重任，这些自带门空窗洞的园林墙垣，不但可以装折出——「处处邻虚，方方侧景」的居景错综，还能以这些窗景入画的墙垣，将园林景物装点成类似深斋的居所，并造成居景相间的无尽深境。

留园鹤所东庭的石林小院 (fig...183)，可与揖峰轩共赏墙垣空窗的佳境意象。它庭地颇小，而曲折异常，李兴钢与周仪皆发现，其空间奇妙，竟不能从图纸中窥见端倪，从童寯当年步测的图纸看 (fig...184)，这些被连墙分隔的庭园，几乎是严格的九宫格，即便从刘敦桢后来补测的图纸看 (fig...185)，也依旧能看出它们的几何原样，但就空间感知而言，却完全不为几何所囿，竟有深远不尽感。与鹤所西庭的阔大相反，它原本不及西庭一半的面积，还被粉壁分为狭方不一的六块，三块有顶，可廊游亦可斋坐 (fig...186)，错以三块露天藤石庭景，皆以粉壁所断，粉壁墙垣之上，琢磨各色门空窗洞，有方圆可入之门，聊表——砖墙留夹，可通不断之房廊——门空装折之意；亦有扇面八角可窥之洞，则成——板壁常空，隐出别壶之天地——窗洞装折之境；正对鹤所的粉壁

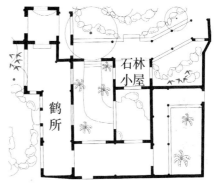

fig...183-a 留园石林小院 +
鹤所鸟瞰模型，
钱亮制作

fig...183-b 留园石林小院附近剖视图，转自刘敦桢《苏州古典园林》

上，还装折有室内才用的冰裂隔扇 (fig...187)，这些粉壁与景物错综的空间，遂有居景难辨的内外模糊 (fig...188)，却无日本建筑师迷恋的自然与建筑交织为废墟般的破败，在这些粉壁间的行、望、居、游，行望皆如画，居游皆入画，如画与入画，常能错景而见，或正或斜，或断或续，对景借景，几近无穷，此世界庭园罕见之空间奇境。

fig...186 留园石林小院，洞天一碧，自摄

fig...187 留园鹤所冰裂纹隔扇，自摄

fig...188 留园石林小院，自摄

9

居景错综

「竹外一枝轩」，虽以轩名，宽仅一间，其瘦如廊，其四通八达亦如廊，大致符合——便径他居，复成别馆——的空间装折，它与北部「集虚斋」以砖墙隔开的院落关系，也类似于——其砖墙粉壁上的方窗圆洞 *(fig...189)*，也有「板壁常空，隐出别壶之天地」之意，其错综于池山四周的月到风来亭、濯缨阁、小山丛桂轩，也呈现出与书院造聚集相反的离散姿态，它们与池山景物的虚临，皆得「亭台影罅，楼阁虚邻」的借景之妙 *(fig...190)*，甚至庭园东北角读画楼的石梯，也颇有以假山为梯的趣味。

fig...189 网师园竹外一枝轩，臧峰摄

fig...190 网师园小山丛桂轩，曾仁臻摄

就假山与建筑空间装折的关系而言，留园五峰仙馆与附近景物的空间装折，更为精巧：

五峰仙馆，馆南隔扇排比而装，仅以馆南一滩湖石云步 (fig...191)，方辨何扇为门可出；馆阔深异常，安幕二分其深 (fig...192)，分为南阔北狭的两折空间，分对南阔北狭的两院，颇有「出幕若分别院」之想，南院山高横展，北院山低一角；堂南之阔，遂能背幕而对南院横阔南山，

fig...191 留园五峰仙馆，自摄

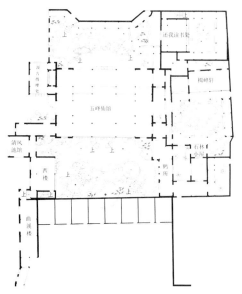

fig...192 留园平面，刘腾宇摹自刘敦桢《苏州古典园林》

东西而横的南山 (fig...193)，正是以山代梯，梯向西楼瞰水的装折嘉例，自山而楼而水，小有山水装折的感受之奇，亦有「绝处犹开，低方忽上」的错综之感；幕北室狭，狭逼北山起伏，北山之北，廊径高低起伏的奇异三岔 (fig...194)，按鲁安东对童寯在《江南园林志》里的插图读解，这起伏，原本也是一种山廊立交体系，可通北山楼阁，如今楼毁，仅余楼廊起伏莫名；馆东西粉壁，各有两门一窗，门通「复成别馆」之处，窗隔小院各尽幽深，隔院连墙，以致深远，以通揖峰轩及鹤所。

fig...193 留园五峰仙馆馆南山梯

fig...194 留园五峰仙馆馆北爬廊三折，自摄

庭东鹤所，是我在苏州园林所见最奇空间装折 (fig...192 右下角)，其宽奇，在计成所言一间半间之间，遂不知其为廊为屋；其位奇，在东小西大两庭间开阖，遂不知其为内为外；其空奇，在西庭东望立面一门三窗错落无序 (fig...195)、皆无隔扇而空，外观难明其意，行游动观之间，

fig...195 留园鹤所，自摄

则与庭山装折之奇境尽出——自鹤所内东北门入，则正对立幅逼山侧景 (fig...196)；自鹤所内北门入，则正对鹤所平面一折所余的立幅 (fig...197)，所见正是刚才之山，惟面向由侧向横一折，则奇景顿生；自鹤所内西门出，则落地门空框景，侧面半山半径；自鹤所外西庭入北行，空间向西而扩半间，行折向西，忽见西壁横幅空框近方 (fig...198)，横框馆山夹庭之景。

fig...197 留园鹤所立幅 2，万露摄

fig...198 留园鹤所横幅，万露摄

fig...196 留园鹤所立幅 1，万露摄

这几幅粉壁空框内的庭山花木，虽不及日本庭景的静观精美，但其在苏轼横看成岭侧成峰的动观间，奇境纷呈，设若以这类一间半间的廊房装折，取代环秀山庄假山西侧的浮华高廊，环秀山庄假山西侧浑然的沟壑溪涧，将在粉壁空框间呈现出的入画动观，定有张岱在《快园记》里记载的居景错综的奇境痛快：

「屋如手卷，段段选胜，开门见山，开牖见水。」

10

曲折尽致

周仪将「装折」与「借景」并注的方式，也可注疏童寯的造园「三境界」：

「第一，疏密得宜；其次，曲折尽致；第三，眼前有景。」

童寯以拙政园当年入口到远香堂一带的空间经营为例 (fig...199)：

「园周及入门处，回廊曲桥，紧而不挤。远香堂北，山池开朗，展高下之姿，兼屏障之势。疏中有密，密中有疏，弛张启阖，两得其宜，即第一境界也。」

fig...199 拙政园中部原来入口，转自刘敦桢《苏州古典园林》

其自南而北的空间序列为——入口门楼—横山—远香堂—池—北山，入口即以横山装折为照壁，横山逼门则为紧 (fig...200)，过门临山，则山之东西皆有路通，接以廊桥可通园池，此即装折——可通不断之房廊——之通，而山之山下，亦有蹬道攀山山洞斜穿，此有装折之——低方忽上，绝处犹开——之开，入口虽为山挤，而又四通八达 (fig...201)，此童寯所言「紧而不挤」；横山而北，其地平阔，再北为远香堂，远香堂北山，隔水而开阔，其开阔却为南北两山所屏阖，此间「弛张启阖」之意，被童寯赞誉的「两得其宜」，正与计成在「装折」里所言「相间得宜」类似，而在入口横山与远香堂北山之间，错综以主厅远香堂，是以人工建筑相间于自然两山之间；而在入口门楼与远香堂这两座建筑间，错综以自然横山，是以自然之景错综于人工建筑之间。

fig...200 拙政园原入口逼山，邢迪摄

fig...201 拙政园原入口逼山而通达，远处为远香堂，邢迪摄

童寯所言第二境界的「曲折尽致」，大概是对上述空间经营的概括：

「然布置疏密，忌排偶而贵活变，此迂回曲折之必不可少也。放翁诗：『山重水复疑无路，柳暗花明又一村』。」

这段文字，就像是计成「装折」篇第二段文字的空间实现，而其「忌排偶而贵活变」的文字，正是李渔对园林隔扇的装折要求。远香堂南北两山，如今山深林茂，卧于山间的远香堂 (fig...202)，于满樘隔扇门窗之间，碧色满楹，网罗如画，真有谢灵运——「群木既罗户，群山亦当窗」之意。谢灵运所用罗、当二字，则为周仪以通感为装折要点增添古证：

fig...202 拙政园卧于山间的远香堂，臧峰摄

罗者，既有绫罗帷幕之意，亦有网罗招致之意；当者，既有遮挡视线之意，亦有门当对景之意。此庭以山代墙而挡，此堂以隔扇对景南山，则山林美景当门罗窗，则有将门窗与山林装裱如画之奇，亦成「眼前有景」之境。

第三境界「眼前有景」，也验证了周仪将「借景」与「装折」互解的正当：

「侧看成峰，横看成岭，山回路转，竹径通幽，前后掩映，隐现无穷，借景对景，应接不暇，乃不觉而步入第三境界矣。」

这三境界的行文格式，确实可与计成的借景篇对读，计成的借景，亦先以居游园林的感知描述感受，再以借景的空间句法，归纳这些造园的借景之法，其法，就在借景与对景，我因此以为，童寯这三境界，并非递进关系，「疏密得宜」，是造园位置经营之法，类似于「装折篇」的「相间得宜」；「曲折尽致」，是对经营是否尽致的居游评估，类似于「装折」篇的「错综为妙」；而「眼前有景」，则杂合了造园者的借景、与游园者的对景两类视角，这两类造赏不一的视角，是计成在整本《园冶》里惯用的错综视角，理解这一身份的不时转换，既是理解《园冶》相关装折「相间得宜」的关键，也是理解计成相关借景「得体合宜」的要领。

得体合宜

今年春，冯仕达在港大以「桥、廊、驳岸：拙政园的空间压缩」为题，展示了他带领学生们以照片为方法的图像研究，通过对拙政园中部池山附近大量照片的比对，考察园林在身体行望间发生的空间变化，研究的成果之一是——随着人视视点的移动，近处的桥，与远处的池岸，将发生空间压缩的叠加关系，有时候，桥遮蔽了远处的驳岸，但桥下的流水贯通，暗示了它们之间被压缩的空间，有时候情况相反。因为是英语讲座，我只能大概猜测到这些情形。我以为，这大概是从游园者视角进行的研究，那一小半有着优美雾气的景物照片，恐怕就不是造园者所能造作，我当时的评价是——这类研究对我的造园有些帮助，但帮助不大，譬如梧竹幽居那张照片，两个圆洞各自框景的红碧不一的雾中林木，竟有栖居两季的时间镜像，这是对我将来造园植物选择有帮助性的一面，但在行游间的桥岸，空间从遮挡到敞开的无尽变幻，并不能帮我判断这些变化是否合宜，如果没有拙政园被童寯鉴定的高超品质，这套研究的空间图像法，也可用在被沈复鉴定为乱堆煤渣的狮子林廊桥池岸，对造园者而言，如何甄别这两个园林经营的空间嘉俗，如何在步换景异的无穷变异中停留、判断、甄别，恐怕还另需一层造园视角的空间判断：

1... 按郭熙对山水的四可品评——可行、可望、可居、可游，就需品评这些岸桥景物的确切意旨，以耦园可居的山水间为例，居于山水间的重要性，将终止步换景异的视觉动变，在山水间起居的身体范围内，以山水间常态的起居视角，杨鸿勋就可以判断，山水间

fig...203 耦园山水间前折桥，自摄

面前的那座折桥 (fig...203)，错不在高——其高，才有濠濮间想，其高，才能在山水间见水过桥而向深远；其错在桥面的无端之折，以及曲桥的曲折栏杆，皆有碍藏水于远的远视观瞻；

2... 为谋水来之远，从山水间内外视，我以为，山水间向水的一圈美人靠 (fig...204)，栏杆与底部也应更透空，以在山水间的起居里，尽见水来之势，我曾在台湾林家花园小菱形水榭里，见识过这类

fig...204 耦园山水间，美人靠，自摄

透空美人靠对俯水的装折得力 (fig...205)；

3... 若以童寯「深远不尽」的空间品评，为谋山水间内的水远视觉，我以为，那座折桥，位置北移更佳 (fig...206)，使水面可被桥分大小，以使山水间所见之水更远，被桥面所藏之水更深；

4... 为谋桥北之水的「深远不尽」，或将池形向东北折的现状，改为向西北折，以使被池折的藏水意象，可被山水间感知其藏水不尽的用意；或从池岸剖面入手，以环秀山庄的池岸掇石法，将与水面交界处的山石，掇出上大下小的悬挑之势，以山之凹，藏水于山，亦能佐山高水远的不尽之势；

fig...205 台湾林家花园，菱形水榭栏杆透水，自摄

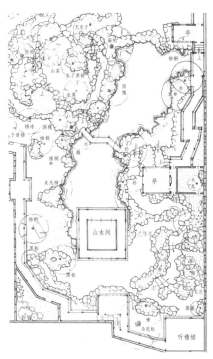

fig...206 耦园东池山部分平面

126

12

装折不尽

就视觉而言，郭熙所用行、望、居、游的「望」字，由「亡」「月」构成，月虽有从有到无的消亡，却并非真的消亡，它又会从无到有、从暗到明地显现，「望」的视觉，试图把握视觉之外的有／无、或明／暗间的全过程，因有视觉不尽感；而西方以「see」或「sight」表示的看，或许与太阳光线的「light」有关，被太阳光照亮就是明白，而「enlighten」，还有被照亮的启蒙含义，这大概与法国几何园林追求的视觉清晰有关——这是冯仕达在港大讲座后，我在座谈时的即兴发言。

当年，在《化境八章》最后一章「层出不穷」里，我曾从中国造园三要素山、水、林木所要经营的「三远」意象里，也发现一个相关视觉的关键字「翳」：

「它原本出自眼疾的白内障，或许是这层白内障正能屏障出视觉不尽的模糊意象，『翳』字才成为『林木』要素所追求的空间意象；以白内障之『障』为媒，以北宋韩拙将层峦叠嶂的叠山之『嶂』与『障』的通解里，似乎也展现了山能『嶂』蔽视觉的『障』眼能力；与此类似的还有『渺』，它通常由山水之『水』层叠渺远，但其水字边旁外的那个『眇眇之物』的『眇』字，甚至也是缺少一只眼睛的视觉模糊。」

这个「眇」字，也是两晋文人常用的视觉用字，本意也有眼疾目盲之意，后来也衍生出远望、深远之意，它因与「妙」通，就还有相关意境的精微、奥妙的通解。沿着这条视觉线索，一部网罗中国文人造园的《园综》，相关造园四要素的山、水、林木、建筑，为园林空间经营

出的视觉意象，几乎都以视觉遮挡的幽暗模糊，作为空间深远的视觉意象：

「幽奥、深奥、深窔、窅窕、窅窅、亏蔽、蔽亏、浩淼、渺渺、荫翳、翳昧、翳翳、窅然而深、郁然葱勃、窅靓莫测、窅如深山……」

我当时已意识到，这或许是将中国园林意境的讨论，转向中国建筑明暗氛围讨论的良机，按《尔雅》对「宫」的注释，用以描述中国最重要的宫——的四隅，其中三隅——奥、宧、窔，居然都在《园综》描述园林意境的词汇里，居然都有幽暗不明的意象，关于这类幽暗，只有谷崎润一郎在《荫翳礼赞》里，赞美过其宜人的建筑氛围，而中国宫室四隅最后一隅的——屋漏，作为中国古代安置神祇的地方，则出人意料地证明，幽冥黯淡的氛围，甚至也是中国人用来安神的隐幽氛围，这与哥特教堂将神祇置于圣光中的巨大反差，或许昭示了中西方关于建筑诗意的基本分歧，与中国人迷恋月亮的阴晴圆缺的变化不同，西方神学崇拜的太阳神，虽也会在夜间或阴天消失，但太阳却从不改变形状的几何不变性，或许造就了西方建筑对时间永恒的造型追求，西方自古埃及以来太阳神崇拜的传统，几乎照耀着那颗建筑之树的每截枝干——它们为希腊神庙外向的外观，投下柱廊林立的人性光影；它们为罗马万神庙完全内向的穹窿，撒下泛神论的神光；它们将哥特教堂一样内向的尖劵，照亮得如天国般灿烂；而在神学没落之后的现代建筑里，太阳光虽能勉强照亮柯布西耶现代建筑的几何造型，但也不可避免地沦为一种神光消殒后的视觉游戏。

栖居伍论

Five Points on Dwelling

从栖居时代论、栖居类型论、栖居身体论、栖居造型论、栖居环境论五个方面对照中西建筑观念的差异，并表明，中国建筑自古的栖居诗意的山水指向、适宜身体的向景而居。

By comparing the differences between Chinese and western architectural conceptions from five aspects – eras, types, bodies, forms, and environment of dwelling, this chapter argues the poetical dwelling in Chinese architecture has always been Shan-shui oriented, scenery oriented and favorable to the human body.

引

将生将死。

庄子以这四个字提出的生死问题——一旦开始生，就同时向死转化——是一切重要宗教都要解救的时间恐惧，一切空间文化对诗意理解的差异，都源自对生命存在时态的设定差异。

佛教将生老病死的身体流变，视为时间先后的痛因苦果，遂将现世正发生的一切生命活动，视为虚幻而否定，并将生死解脱的希望，置于诸因未生的过去时态，借助禅宗的转译，它为日本庭园，注入了物哀寂灭的磬境诗意；基督教以原罪否定身体的有朽流变，并以天国救赎许诺的灵魂不朽，将生死解脱，置于死后无身体的将来时态，并为西方教堂建构了灵魂永恒的恒境诗意，这一向死而生的西方文化，持续了千年之久，直到文艺复兴才有所动摇；与这两类将生死解脱置于生前死后两种时态不同，庄子将化解生死恐惧的时间地点，就置于方生方死的流变间，既然万物都在进行方生方死的易化，庄子试图以——死—生、齐夭—寿的齐物论，忘化生死的时空边界，以为身体谋求空间逍遥的化境诗意，借助陶渊明为日常生活构建的田园诗意，以及谢灵运为山居构想的山水诗意，它们为中国后世庭园生活注入了山水田园的诗情画意，并也持续了一千五百年之久，直到五四运动才戛然而止。

1

西方神学的栖居处境

文艺复兴兴起的人文主义,黯淡了神学的神本主义,描述圣母在凡间的亲人形象,成为这个时期的新主题。十五世纪上半叶,凡·艾克绘制的《教堂里的圣母》(fig...207),却呈现出人神并置的尺度尴尬,神学教堂与人间圣母,在身体尺度比照出的空间反常,反衬了哥特教堂在身体与灵魂间的两难——将圣母放大到与教堂相匹配的宏伟尺度,教堂将失去震慑灵魂的天国威严;将圣母还原为能感召信徒的近人尺度,圣母将渺小得难以让人敬畏。

fig...207 杨·凡·艾克《教堂里的圣母》

大约与此同时,安吉列柯绘制的《天使报喜图》(fig...208),以选题回避了这尴尬。玛利亚栖居凡人居所的时刻,是基督教尚未创生的古罗马时期,安吉列柯选择罗马式拱廊,作为玛利亚的居所,就有建筑考古学的准确,尽管,其拱廊的纤细立柱,不合古罗马柱廊的粗壮,但柱廊居所与庭园的关系,的确是古罗马住宅的一般模式。

fig...208 安吉列柯《天使报喜图》

这幅《天使报喜图》,左园右居,截然分离,二分了西方上帝两次造物截然不同的栖居命运:左侧色泽黯淡的伊甸园里,由上帝泥造身体的亚当夏娃,因识人事而衣冠,正被天使逐出,正承受永失伊甸的身体永痛;右侧光线明媚的居室内,独居的玛丽亚,正接受上帝光造圣子的永恒圣灵,感光而孕的圣母,正沉浸在天使报喜的精神喜悦中。

拱廊柱头上的一圈奇特的纤细黑杆,从结构上,它们相互拉结,可以抵消拱顶的侧推力;从空间上,它们如日本书院造长押般的低矮(fig...209),总有与天使肉羽相撞的危险,若玛丽亚立起身来,它们还将妨碍她的自由出入,

它们就如栅栏一样，不但将圣母与天使加百列隔开，还将内部精神性的居所，与外部身体性的伊甸，彻底隔离。

在《西方造园变迁史》一书中，针之谷钟吉发现，《旧约》里的「Eden」（伊甸）一词，在《新约》里，一律被「Paradise」（天堂）一词置换。按照张永和对我的提醒，它们或是对同一园景的不同描述，以亚当夏娃身体被逐为界，被逐前的伊甸，曾是《旧约》人类身体无病无痛的自然乐园，被逐后的伊甸，却成身体永失难返的乐园，人类幡悔欲返的愿望，为这失乐园，附着了伊甸原本没有的天堂含义——「Paradise」；童明在翻译相关西方造园史的著作时，则注意到，「Paradise」构词的「Para」，本有相关藩篱的圈围之意，这类隔离身体的藩篱，或是安吉列柯绘制那圈黑色细杆的用意，而那只栖身在这圈黑色细杆上的福恩之燕，或许还表达了基督教文化下的人类栖居处境——要么选择在伊甸乐园内享受身体的短暂快乐，代价是灵魂将在天国审判中永堕黑暗；要么选择放弃身体的现世享乐，就能在死后，永享灵魂永恒的天堂荣光，这处专属上帝或信徒亡灵栖居的精神天堂，以一个专有名词「Heaven」指代，并以其单属灵魂的属性，区别于「Paradise」相关身体的天堂。

2

西方现代的栖居困境

尼采宣称「上帝已死」，陨灭了神学最后一点神光，以尼采的超人自励的柯布西耶，要为上帝死后的西方人类，谋求教堂以外的人类栖身所，在《走向新建筑》的宣言里，他宣称：

「现代建筑关心住宅，为普通而平常的人关心普通而平常的住宅，它任凭宫殿倒塌。这是时代的一个标志。为普通人，『所有的人』，研究住宅，这就是恢复人道的基础。」

中世纪的千年神学，虽为灵魂栖居的诗意，建造了雄伟壮丽的大教堂，却对原罪的身体居所毫无经验，柯布的现代建筑，就是要将建筑的焦点，从宗教性的教堂或贵族的宫殿府邸，向普通人居住的普通住宅转移，为「普通而平常的人」研究「普通而平常的住宅」。

大约与柯布这段宣言同时，伊东忠太在他的《中国建筑史》里，摘录了英国史学家弗格森对中国建筑的非论，将它与柯布西耶的现代建筑宣言比对，则怪味横生：

「中国建筑和其他艺术一样低级。它富于装饰，适宜家居，但是不耐久，而且缺乏庄严、宏伟的气象，中国建筑并不值得太多的注意。」

或许基于西方宗教建筑的永恒视角，弗格森指责中国建筑是低级艺术，它只——适宜家居，而这正是柯布西耶要为现代建筑孜孜以求的品质；他批评中国建筑造型缺乏的——庄严、宏伟的气象，也正是柯布西耶批判折衷主义的浮夸气象。

另一位史学家弗莱彻的非议，则集中在中国建筑的不可识别性，他惊讶地发现，中国的宗教性寺庙，与世俗性的住宅，即便从平面类型上，也无法分辨：

「在宗教的与世俗的建筑之间是没有分别的，寺庙、陵墓、公共建筑，乃至私人住宅，无论大小，都是依随着相同的平面的。」

他还发现，即便从单体建筑造型的演变来看，中国建筑也不可辨识，基于中国建筑的这两种不可识别性——类型与造型，弗莱彻得出中国建筑的两种非论：

非历史论——他以中国建筑造型的「千篇一律」，否认中国建筑的艺术性，他参照的或许只是折衷主义的造型多样性；非艺术论——他以中国建筑造型的「亘古不变」，否认中国建筑的历史性，或许也参照了折衷主义造型的变化性。

若以现代建筑关注普通人日常生活的目标而言，中国建筑自陶渊明的田园栖居，就很现代，它关注的既是日常生活，而且还不乏诗意，若以这条线索比照，或许可以讨论中西方相关栖居比较的五个现代议题：

从柯布西耶的现代建筑的「现代」，可以讨论栖居的时代议题；从柯布将现代建筑的任务聚焦于住宅类型上，可以讨论栖居的类型议题；从柯布要为普通人而建筑的人居角度，可以讨论栖居的身体议题；从弗莱彻非论中国建筑的造型视角，可以讨论栖居的造型议题；而相关栖居的栖身何处问题，则以栖居的环境议题，在最后展开。

3

栖居时代论（上）

按雨果对西方现代艺术裂变论的观点，所有现代艺术，作为神本主义大艺术的裂变结果，都必将承载着神学的部分属性。现代建筑里的「现代」一词，就其根源，就是基督教鼎盛中期，基于末世论的焦虑，用「现代」，区别古罗马异教的「古代」，「现代」有比「古代」优越的价值幻象，并非相关时间的时代性，而是基督教自信它所构造的时间永恒的灵魂恒境，有比罗马泛神论优越的信念。

在雨果看来，正是神学构造的灵魂永恒的时间信念，才有能力聚合不同时代不同地域的异教空间技术，并以神学之光，将它们锻造成表意神学诗意的哥特大艺术，它们力图占据所有时代，所有地点。单就基督教堂的造型而言，因为所要表达神学永恒诗意的一致，世界各地乃至各个时代的基督教堂，对非基督教徒的旁观者看来，其造型，大概都有弗莱彻初见中国建筑的「千篇一律」与「亘古不变」的感受——这是所有表意建筑的伟大气质。

文艺复兴的「现代性」，尽管也基于人文主义有比神本主义优越的信念，尽管它也试图从古罗马甚至古希腊建筑里汲取营养，却因无法寻求替换神学诗意的人本诗意，曾经表意的空间造型，从此沦为表达趣味的造型技术——尽管人们将它们描述为造型艺术。它们随后在欧洲引发的各式造型复兴——希腊式复兴、罗马式复兴、哥特式复兴，虽能构造弗莱彻那棵建筑之树上部的枝繁叶茂 (fig...210)，但它们以地域性地名所表述的远古造型风格，正说明这些造型多样的风格复兴，已堕落为雨果批判的伪时代还伪地域的造型技术。

fig...210 《弗莱彻建筑史》建筑之树

为抵抗折衷主义造型不再表意时代的任意性，柯布将机器时代工业生产的标准化技术特征，视为现代建筑所要表达的时代特征，他对希腊神庙相关时间不朽的神学诗意，避而不谈，而以神庙柱廊构件的标准化，来类比雪铁龙汽车生产的标准化 (fig...211)，以阐明标准化工业生产，将能为现代建筑带来如帕提农般的优秀品质，他虽将文艺复兴以来造型艺术打回造型技

fig...211 柯布西耶，《走向新建筑》插图

术的原形，却以建筑表意时代技术的口号，不可避免地滑入机器美学，他为现代住宅提供的前两项标准——需要的标准与功能的标准，虽能顺理成章地得出——「住宅是居住的机器」的机器美学格言，却无能满足现代人类的情感需求。

密斯在年轻时，曾以为「现代」自身，自有时间孤立的类型价值，他曾激进地宣称，现代建筑，是一类既非过去也非未来的此时建筑，但他很快就意识到，任何时代的建筑，都有好有坏，建筑的此时性，就只能表明建筑所处时间的技术性事实，而无力为建筑学提供价值依据。他因此放弃了追问建筑是什么的类型问题，而替换为建筑如何建造的技术问题，它或许带来当代建筑试图以建构技术抵达诗意的幻想。

4

栖居时代论（下）

陶渊明一千六百年前构造的人境诗意，其现代性在于，他一开始就不信现代主义反对的永恒神祇。他曾以《形影神》三首诗，反驳庐山慧远禅师的形神不灭论，在最后一首《神释》里，陶渊明全面清理建安以来文学的各种伤逝风湿：

「大钧无私力，万理自森著。人为三才中，岂不以我故？」

陶渊明的「天、地、人」三才，没有现象学至今犹存的神祇庇护，与曹家父子一样，陶渊明也不信秦汉仙话的长生不老，但也并不赞成曹丕以文学逐名不朽的建议——这也是荷尔德林借贷给现象学的希腊式不朽诗意，陶渊明以为，用此生来逐名死后的不朽，正是对此生日常生活的戕害，陶渊明建议：

「纵浪大化中，不喜亦不惧。应尽便须尽，无复独多虑。」

他将身体的生死转化，藏于万物流变不定的大化之中，对生死不喜不忧的化境认识，使得他能为自己将死的身体写下冲淡的挽歌——「死去何所道，托体同山阿」。这冲淡，使他在《归田园居》里「结庐人境」的空间诗意，有别于基督教的死后恒境，或佛教的不生磬境；陶渊明要在山水田园的惬意里，忘化生死的时间边界，在不知老之将至的得意忘言之间，在陶然于生死两忘的化境间，发现人境平常而普通的日常诗意。

相比于陶渊明在《桃花源记》里虚构的时空化境，与陶渊明在时空上皆有交集的谢灵运，则以他的《山居赋》，试图证明山居有可经营的栖居诗意：

「面南岭，建经台，倚北阜，筑讲堂，傍危峰，立禅室，临浚流，列僧房。」

谢灵运将四种庙宇功能的栋宇——经台、讲堂、禅室、僧房，与四种山间景物，以诗歌对仗的句法，经营为栋宇居山的四种山居情境，它们预言了中国山水栖居的经营主旨，既非相关建筑造型的独立栋宇，也非相关环境的独立景观，而是居景对仗的时空诗意：

「对百年之乔木，纳万代之芬芳，抱终古之泉源，美膏液之清长。」

建筑与景物间的这四种空间互涵关系——「对、纳、报、美」，成为后世中国造园空间借景的先声，而其空间所借的「百年、万代、终古」三个相关时间术语，则阐明了中国园林空间借景的不尽诗意，也指向时间不尽的栖居诗意，这类时空交织的诗意，就尾缀在谢灵运相关山居经营的段尾：

「谢丽塔於郊廓，殊世间於城旁。」

谢灵运将城居对景密集的宗教性佛塔，置换为山居随处可见的山川景物，谢灵运经营出的山居诗意，似乎能置换宗教建筑对有朽生命的慰藉，它们被谢灵运在《山居赋》中的另两句诗点明：

「谢平生於知游，栖清旷於山川。」

「谢平生」饱含的时间忧患，被身体「栖清旷」的空间惬意所消解。谢灵运的山居诗意，与陶渊明的田园诗意一起，对后世中国文人陶冶心性的功能而言，类似于基督教或佛教对栖居者心灵的宗教性慰藉，它们与基督教堂一样，也曾无视时代与地域的流变，它们成为中国后世唐、宋、元、明、清历代在大江南北都曾追求过的栖居诗意。

5
栖居类型论（上）

表面看来，柯布西耶的现代建筑任务，是从贵族宫殿到普通住宅的类型下放。这类下放，却肇始于文艺复兴，文艺复兴的人文主义，已将建筑关注的对象，从神学教堂，扩展到贵族宫殿甚至图书馆这类人居建筑，而柯布西耶从宫殿到住宅的进一步下放，也肇始于这个时代。安吉列柯的《天使报喜图》，以凡间居所摘取教堂造型，还有玛利亚从处女而为圣母的神学诗意支撑，帕拉第奥设计的圆厅别墅 (fig...212)，却直接将栖灵的教堂造型，僭越为栖身的别墅，它不但造就了欧洲文艺复兴建筑复兴的伪时代与伪地域性，雨果甚至还预言了它将通用于一切建筑类型的造型前程：

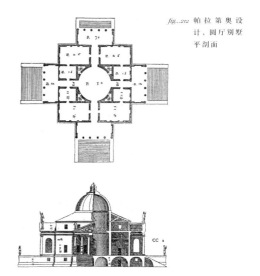

fig...212 帕拉第奥设计，圆厅别墅平剖面

「如果我们确认如下规则：一座建筑的构造与其功用相适应的程度应该能使人一眼就认出其功能，那么，对于一座在同等程度上即可充当皇宫、议院、市政厅、书院，又可用作驯马场、科学院、仓库、法庭、博物馆、兵营、坟墓、神庙、剧场的建筑，我们只有佩服得五体投地了。」

雨果描述的这一通用性造型手法——将罗马万神庙的穹窿，嫁接在希腊帕提农神庙柱廊上空，第一次出现在文艺复兴的圣彼得大教堂 (fig...213)，随后是圆厅别墅，然后就以风格嫁接的任意性，而非表意神学的准确性，也获得与哥特教堂一样的跨越时空的超然性，它们曾出现在所有时代所有欧洲城市，美国的国会大厦在美洲的现代造型 (fig...214)，如今还跨越遥远的时空，成为中国多处地方政府的办公楼的当代摹本 (fig...215)。

fig...213 梵蒂冈圣彼得大教堂

fig...214 美国国会大厦

fig...215 南京雨花台区委办公楼

而园厅别墅当年从圣彼得教堂摘录出的典型造型特征：门前柱廊、架离地面的穹窿、表现性的大台阶，甚至在现代建筑最著名的两幢住宅里，也获得隐性的造型遗传：

柯布西耶的萨伏伊别墅 (fig...216)，以底层架空柱，同时表现了柱廊与架离地面的两大造型特征，并以别墅里超出实用的大坡道，重现了大台阶的空间表现性；而密斯的范斯沃斯住宅 (fig...217)，除开穹窿过于明显的古典语汇意外，这三项造型的基本特征都一一呈现。克格拉斯在《玻璃的恐惧》里，对密斯建筑的空间造型展开了更细致的分析，他揭露了其间让时代论者们恐惧的空间造型秘密：

密斯建造的一系列类型不一的现代建筑——作为博览馆的巴塞罗那德国馆、作为住宅的范斯沃斯住宅、作为建筑系馆的克朗楼 (fig...218)，作为美术馆的柏林国家美术馆 (fig...219)，它们却具备与中国建筑一样的通用性空间特征，克

fig...216 萨伏伊别墅

fig...217 范斯沃斯住宅

fig...218 IIT 建筑系馆克朗楼

fig...219 柏林国家新美术馆

格拉斯的这一发现，还不足为奇，它们只宣告了现代建筑造型与功能类型无关的现实，这本是密斯著名的通用空间理论的内涵；克格拉斯对其通用空间造型的出处拷问，才让人震惊——从空间构成上，密斯这几幢建筑一律的以八根柱子构造的柱廊、一律的举高基座、一律的大台阶、一律的核心筒体等空间要素，却与希腊神庙的空间原型如出一辙 (fig...220)，它

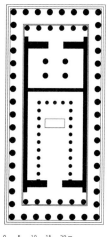

0 5 10 15 20 m　　　　fig...220 希腊帕提农神庙平面

们不只证明密斯的通用空间的形式法则——功能追随形式——成立，也证明了他通用的空间原型，所追随的诗意，并非来源于建构空间的技术本身，它们摘自象征永恒的神庙或教堂，它们与被文艺复兴之后的历次建筑造型复兴的源流，并无二致。

6

栖居类型论(下)

按日本东工大奥山信一教授的回顾，日本现当代建筑相关艺术的讨论，几乎重复了西方文艺复兴以来建筑艺术的类型下放：上个世纪中叶的丹下健三，基于西方古典建筑艺术的永恒特征，他主张只有纪念性建筑才是建筑艺术；随后的矶崎新，则以民粹主义的同情，将建筑艺术的定义，扩展到一般民用建筑——公民图书馆或艺术馆；与矶崎新同时代的筱原一男，则果断宣称——住宅是一种艺术，并且补充道——即便住宅没有主题，一般建筑也不可能成为主题。

对中国建筑而言，这住宅的艺术结论，也是合适的，与西方建筑艺术的向死而生的向死方向不同，中国建筑造型，并不需要从相关死亡救赎的宗教建筑摘录造型的艺术性，即便没有庄子的化境逍遥，中国儒家事死如事生的向生文化，就能诠释中国所有建筑的类型，很可能源自日常生活的住宅，它们不但能诠释弗莱彻无法辨识中国宗教建筑与日常住宅的分类困惑，也保持着与密斯通用空间通用于神学建筑相反的造型取向。而中国建筑的栖居诗意，自谢灵运以来，却从未分栖在特殊的建筑类型上，他在冗长的《山居赋》开篇，尽管罗列了四类栖居类型：

「古巢居穴处曰岩栖，栋宇居山曰山居，在林野曰丘园，在郊郭曰城旁，四者不同，可以理推。言心也，黄屋实不殊於汾阳。即事也，山居良有异乎市廛。」

除原始而简陋的巢穴外，其余三类居住建筑，却无关功能与类型，只以所处环境的差异而分类——以栋宇的方式居住在山里，则为山居；

139

以栋宇的方式居于城郊，则为城旁。谢灵运开篇的「言心」讲法，大概是对陶渊明朴素田园的讥讽，他以为，标榜丘园简朴与宫室黄屋的奢华区别，只是装饰繁简的「言心」讨论，作为对仗，谢灵运随后才从「即事」角度，试图证明「山居良有异乎市廛」的栖居诗性。

白居易的庐山草堂，造型简朴，堂内仅有的「儒道佛书，各三两卷」，既不具备基督教宣称的灵魂掌控力，也没有日本庭园对佛典的供奉恭敬，它们对陶冶心性的功用，与堂外山水相辅相成，堂外那些可供——「仰观山，俯听泉，傍睨竹树云石」的山水景物，不仅能满足「一宿体宁」的栖身，还能「再宿心恬」的养心，而三宿后的「颓然嗒然，不知其然而然」，正是庄子心斋坐忘的陶然状态。

在这篇回顾性的《庐山草堂记》开头，白居易强调山水景物对日常栖居的必要性，也跨越了谢灵运对宫室与丘园所作的简奢区别：

「矧予自思：从幼迨老，若白屋，若朱门，凡所止，虽一日二日，辄覆篑土为台，聚拳石为山，环斗水为池，其喜山水病癖如此。」

为满足他在升迁不定的生涯里，能随时享受山居诗意，白居易从两方面简化了山居的技术，从居的方面，他将谢灵运如城居的山居栋宇，简化为白屋亦可的构造；从山的方面，白居易的「篑土为台、拳石为山、斗水为池」，改变了谢灵运「栋宇居山」的居于真山的地理限制——这类小可的人造山水，也有助于将山居意象带入城居，并带入平常人家的日常生活里。

7

栖居身体论（上）

柯布西耶宣称要为所有人建造住宅的现代口号，看似教堂宫殿向普通住宅的类型下放，但其核心差异，却是栖居人的灵魂还是身体的差异，神学为所有人许诺的栖居目标是灵魂，为让信徒聚焦于灵魂，它因此宣称人类身体有需要救赎的原罪，这一承担了千年原罪的身体，在文艺复兴的曙光中并未真正苏醒。

与圆厅别墅将教堂僭越为住宅类似，达·芬奇绘制的《维特鲁威人》(fig...221)，也将神学证明上帝永恒的诗意，僭越为普通人身体存在的诗

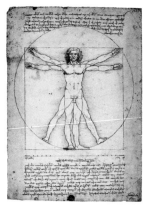

fig...221 达·芬奇绘制维特鲁威人

意，借助古罗马建筑师维特鲁威的人神同形论——人体与神庙共享永恒几何图形，达·芬奇绘制出与人体内接的两种神圣几何形——圆形与正方形，它从几何学上，证明了人类可以不借助神灵，就能自证有与上帝媲美的几何不变神性；被誉为中世纪达·芬奇的奥内库尔 (Villard de Honnecourt)，则在更早两百年前的一张手稿里 (fig...222)，呈现了证明上帝永恒的几何，如何可以通用于有机动物与无机建筑的不同造型，它或许暗示了现代艺术鼻祖塞

fig...222 奥内库尔绘制手稿

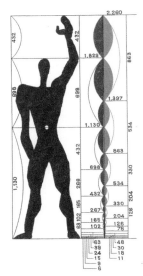

fig...224 柯布西耶绘制，
红蓝尺模度

尚的名言——万物都由几何形体构成，也能导向沃林格在《抽象与移情》里的抽象目标——抽离相关生命流变的有机部分，而抵达无机结晶体般的永恒。这类以献祭生命流变而抵达无机永恒的抽象，正是对中世纪神学要义的概括；文艺复兴建筑师卡塔尼奥绘制的哥特教堂平面图 (fig...223)，则还原了达·芬奇《维特鲁威人》里几何永恒的神学来历——它将基督教堂的拉丁十字平面，视为基督殉难尸体的棺椁，并以此成为救赎大众灵魂的永恒祭器。

fig...223 卡塔尼奥绘制哥特教堂
示意图

现代主义，一旦放弃以几何表意永恒的神学信念，柯布西耶为现代建筑绘制的现代模度人 (fig...224)，就只能继承《维特鲁威人》里的几

何无机性。他从这位模度人的身体关节里读出的一系列尺寸，虽能标注人体从站到蹲到坐到卧的所有合体的无机尺寸 (fig...225)，却与郭熙对山水提出的可行、可望、可居、可游——里表现的身体活动，相去甚远；就柯布这具模度人的读数功能而言，它是身体还是机器甚或尸体，都无关紧要，而柯布毁誉参半的——住宅是居住的机器——宣言，就是将身体视为无机躯体的必然结果。

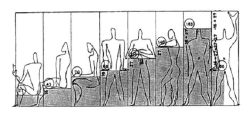

fig...225 柯布西耶绘制，红蓝尺模度与身体姿态

这些模度的数据，虽能构造出马赛公寓从家具到门窗乃至整幢建筑体量的尺度，但其空间栖居的身体诗意，按柯布自己的回忆，却只能出自他对艾玛修道院修士居所的神学氛围的空间类比；即便柯布乐观地认为，他的模度甚至可以放大到城市的造型设计，他为现代城市构造出的人形几何平面 (fig...226)，不过是卡塔尼

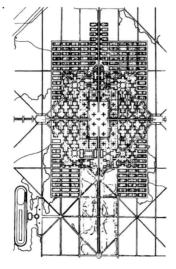

fig...226 柯布西耶设计三百万人口城市规划

奥为哥特教堂绘制的人形几何平面的翻版，很难想象，这类需要灵魂鸟瞰才能感知的人形建筑与人形城市，如何能被柯布宣称的普通人的1.7米高的身体所感知？

8

栖居身体论（下）

在《冷泉亭记》里，白居易简单记录的杭州五亭史，见证了亭居从身体修行到身体感知的演变：最早兴建的「虚白亭」，出自庄子的「虚实生白」，或有道家修身的古意；其次的「候仙亭」，则有魏晋候仙不朽的长生念想；再次的「观风亭」，则转向对感风惬意的身体关注；而「见山亭」与白居易记载的「冷泉亭」，亭居身体所感知的对象，已是中国最理想的山水景物。白居易对亭「地搜胜概」的位置要求，就建立在亭居身体对胜景的感知上，白居易描述的身体与四时景物的共鸣，即便历经千年，还可以感同身受：

「春之日，吾爱其草薰薰，木欣欣，可以导和纳粹，畅人血气。夏之夜，吾爱其泉渟渟，风泠泠，可以蠲烦析醒，起人心情。」

山水林木这些景物，在日常栖居的身体感知下，至今还能身临其境：

「山树为盖，岩石为屏，云从栋生，水与阶平。坐而玩之者，可濯足于床下；卧而狎之者，可垂钓于枕上。矧又潺湲洁澈，粹冷柔滑。」

白居易这两种山水栖居的论述，直接影响了北宋郭熙的《林泉高致》，他随后为山水栖居提出的四可品质——可行、可望、可居、可游，则直接是身体栖居的四类日常动作。他将可居可游的栖居品质，视为高于可行可望的旅游品质，则为中国后世的山水文化，积累了相关山水栖居的各类身体栖居经验。沿着这条身体居游的品判线索，重读儿时曾含混背过的《小石潭记》，柳宗元的这篇美文，才浮现出美文之外的栖居含义，从其「全石以为底，近岸，卷

石底以出，为坻，为屿，为嵁，为岩」这句，从其卷出水面四种石象的注释——坻，水中小高地；屿，水中小岛；嵁，水中小崖；岩，有洞之崖——里，我注意到，它们皆有比例微缩的可居的身体意向；我还注意到《小石潭记》最后那两句——「以其境过清，不可久居」，还将北宋郭熙为山水提出的身体栖居标准，提早了整整一个时代。

与柳宗元与白居易相距千年的清人袁枚，他的《峡江寺飞泉亭记》，虽从内容上，酷似白居易的《冷泉亭》记，而从山水诗意标准上，他开篇讨论山水的栖居诗意，与柳宗元的可居标准，都指向身体：

「凡人之情，其目悦，其体不适，势不能久留。」

以身体栖居的惬意为鉴，袁枚对沿途不同景物的造型赏析，才有诗意递进的一致判断：

「蹬级纡曲，古松张覆，骄阳不炙」，此其林木蔽道的庇体之事；「过石桥，有三奇树，鼎足立，忽至半空凝结为一」，此其林木如屋居意之奇；「瀑旁有室，即飞泉亭也。纵横丈余，八窗明净。闭窗瀑闻，开窗瀑至。人可坐，可卧，可箕踞，可偃仰，可放笔砚，可瀹茗置饮。以人之逸，待水之劳，取九天银河置几席间作玩」，此其为瀑布为亭居的日常生活带来的身体诗意；「僧澄波善弈，余命霞裳与其对枰，于是水声，棋声，松声，鸟声，参错并奏。……天籁人籁，合同而化」，则依旧是陶渊明陶然而化的身体化境。

9
栖居造型论（上）

在安吉列柯那幅《天使报喜图》里 *(fig...208)*，上帝最神奇的创造力，就是斜贯画面的创造性神光，它刻意模糊了古埃及太阳神光的精子属性，而强化了上帝造物的精神属性，当这束光芒射向玛利亚时，对玛利亚进行了物质性超越——从处女而化圣母，其化圣的永恒标记就是，玛利亚脑后闪现出与天使一样的球形光晕；在这幅《天使报喜图》里，上帝最神奇的造型，就是太阳般的球体，上帝以球体造型为神性的象征，构造了天使与圣母脑后神光的二维球面，也造就了圣所拱廊的三维球窿，另外三个球体，在亚当夏娃脚下，陨落为三枚让人堕落的金色智慧果，它们神光陨落，象征了亚当夏娃将永受身体生老、病死、化尘的有朽之痛。

构造神学空间的几何球体与创生光线，如此成功，它们自此成为文艺复兴到现代建筑最主要的造型手段，它们曾为启蒙主义时代的牛顿纪念馆 *(fig...227)*，带来启蒙的神光——启蒙，就

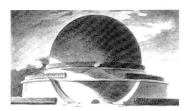

fig...227 布雷设计牛顿纪念馆

是被照亮「enlighten」，还为路易·康的现代建筑，照出回光返照的古典神韵 *(fig...228)*；柏拉图几何形体，曾为塞尚带来现代艺术之父的头衔——他说，万物皆由几何形体构造；而照耀万物的光线，则为印象派带来视网膜的视觉造型实验；在《走向新建筑》里，柯布西耶将现

fig...228 路易·康，金贝尔美术馆拱光

fig...229 柯布西耶为炎热地区设计的
遮阳表皮

代建筑的栖居情感，就寄托在相关造型的三方面——体量、表皮与平面上。

就体量而言，沿着塞尚为现代艺术铺垫的几何造型之路，柯布西耶也宣称现代建筑——是几何形体在光线下正确表演的游戏，或许是他的无神论身份，或许是现代性必然要反神性的立场，使得他怀疑光线有复活灵魂的神秘诗意，现代建筑或现代艺术，就只能堕落为几何造型的技术游戏。

就表皮而言，柯布西耶为现代建筑发明的主要造型，就针对光线，他将西方建筑史视为开窗的历史，却因缺乏开窗向景的栖居历史，他对开窗图解的西方建筑史，就主要是采光技术史，他曾宣称全玻璃幕墙是他讴歌太阳的专利，又对他随后为炎热地区发明的遮阳表皮相当得意 *(fig...229)*，路易·康的讥讽，暗藏玄机——在太阳过分炎热的地域，为何一定要选择完全洞开的结构技术，转而再为这结构选型的技术性错误，设计纠错式的遮阳表皮？这一过程，虽重复了哥特教堂的采光史，却因缺少哥特教堂开窗的明确诗意，就被路易·康暗讽为视网膜的光影游戏——这游戏，确实是，也只能是现当代建筑造型失魅的技术性前途。

就平面而言，柯布西耶虽以卓越的造型天分，利用建筑物体以及大坡道等造型手段，为现代建筑乏味的功能主义平面，构造出能模拟雅典卫城建筑外部体量观感的内部空间，但其最卓越的空间造型，却并非他早年的机器美学的建筑实例，而来自其晚年的两幢相关宗教的建筑——拉图雷特修道院与朗香教堂，他不再拘囿于现代与古典在造型上的技术性差异，从结构上，这两幢作品，既有现代独立柱的结构，也有古典建筑的厚重墙体，从窗户上，既有他为现代主义发明的横幅窗，也有他曾以横幅窗诋毁过的古典立幅窗 *(fig...230)*，从技术上，按童明在现场的观感而言——拉图雷特修道院的混凝土技术甚至有些简陋，但它们重新在表意天国永恒的宗教诗意指引下，塑造出与哥特教堂造型迥异但一样感人的天国意象。

fig...230 柯布西耶，朗香教堂南墙窗户，
张之羽摄

10

栖居造型论(下)

伊东忠太在《中国建筑史》里，还记载有德国人明斯特尔堡对中国建筑的造型评述，他一样鄙视中国建筑造型的艺术性，却独对中国寺庙的塔略表赞许，以其有源自印度建筑的宗教艺术性，而从艺术性角度，他还是批评中国舶来的艺术性佛塔，没能与中国非艺术性的寺庙建筑融合，其参照对象，就是哥特教堂的钟楼与教堂在改造中的造型融合。若基于事死如事生的生活角度，他或许能发现，中国北魏的永宁寺塔，就已将印度供奉舍利或埋葬尸骸的亡灵宝塔，披檐加梯，改造为身体可以登临的楼阁式塔，它们成为唐诗宋词感怀寄情的日常场所。而日本遗存众多的佛塔，无论是三重还是五重 (fig...231)，虽都呈现平座出挑的登临意象，其对佛教异乎寻常的敬畏，使得这些塔徒有身体栖居的表象，而成为人们环绕仰视的崇拜物。

fig...231 日本奈良兴福寺
五重塔，自摄

就此而言，梁思成针对弗莱彻的中国造型非艺术论，将中国建筑以造型微分的豪劲、醇和、羁直，虽适合矫正西方人非论中国建筑亘古不变的造型无知，却无助于理解中国建筑相关日常生活的栖居诗意，相比于哥特教堂曾作为西方栖居诗意最核心的载体，中国文化的栖居诗意，却栖身于山水栖居的居景关系里，天下名山僧占多，就是中国宗教建筑趋同于栖居山水的日常诗意的证据之一。

而宋徽宗的艮岳，则尝试着将身体可感的山居带入城市，它为米芾写下「城市山林」的匾额提供了山居入城的构想，但其庞大的规模，还是难以向普通人的日常生活普及。或许是元代统治者屠士用匠的残酷政策，逼迫出士人习匠的风气，有中国文艺复兴之称的明代，开始出现类似西方建筑师身份的造园家——精通匠艺的文人，或兼有学识的匠人，他们为狭小庭园发明的各类假山，终于使山居有向普通生活普及的技术基础。

计成在《园冶》里罗列出的八类人工假山——园山、厅山、楼山、阁山、书房山、池山、内室山、峭壁山，其中五类，就专属居室建筑，其建筑＋山的命名造意，正是谢灵运「栋宇居山曰山居」的山居造意。在这一强大的造景技术支撑下，在中国一千余年的山水情怀滋养下，理想的山居意象，几乎可以在任何地点实现。计成在《园冶》里「相地篇」所相的——山林地、城市地、村庄地、郊野地、傍宅地、江湖地——地貌，几乎囊括了一切可居之地。这一山水庭园的人造方式，还附着在弗莱彻无法识别的那些中国建筑类型背后——寺园、陵园、公共园林、私家园林，并为所有类型的建筑，提供庇体以外的栖居诗意。按谢灵运的山居对仗的经营方式，中国甚至经营出两类可供身体栖居的城市天堂，以自然景物为胜境的杭州西湖公共园林，以及纯以人工建造的苏州私家庭园。

童寯以当代人少有的洞见，发现这些不同种类不同规模的园林，虽可按功能进行技术分类，但其表意一致的栖居诗意，使得这些庭园的造型，也具备让弗莱彻一样不能分辨的类型困惑，并有别于日本可以造型分辨的式样化：

「吾国园林，名义上虽有祠园、墓园、寺园、私园之别，又或属于会馆，或傍于衙署，或附于书院，惟其布局构造，并不因之而异。仅有大小之差，初无体式之殊。……至若日本之有茶庭、平庭、筑山各式，式又常区别为真、行、草三体。」

11

栖居环境论（上）

「上帝已死」的现代，西方人类终于可以重返伊甸乐园，比尼采小四岁的画家高更，对现代人重返伊甸的绘画式追问 *(fig...232)*，却充满身体苏醒后的现代彷徨：

「我们从哪里来？我们是谁？我们往哪里去？」

fig...232 高更《我们从哪里来？我们是谁？我们到哪里去？》

前景一位坐吃果实的衣冠男童，与一旁正摘果的裸人一起，浓缩了《圣经》里亚当夏娃被逐前的圣经故事——因诱而食果而开智而衣冠，曾在《天使报喜图》里被衣冠而逐的亚当夏娃，如今又衣冠返回伊甸园的一团阴影里，面对伊甸园内原住民的裸居人群，他们却有无处栖居的彷徨。这是西方现代文化的栖居困境——一旦否定了中世纪神学栖居的千年诗意，西方现代人的身体栖居，就将返祖到基督教之前的伊甸园，它在圣经里被描述为万物尚未分化的野生动物乐园，这类被当代景观所美化为原生态的先锋景观，却有不宜衣冠的反人居本色。

西方现代建筑与景观，还遗传了神学建筑与景观分别表意上帝的内向性，无论内向而封闭的哥特教堂，还是朝向景物开敞的修道院庭园，无论是游行在帕提农神庙周围的人群，还是哥特教堂内部祷告的信徒，身体都指向容纳神祇

的建筑或埋葬尸骸的庭园，它是西方建筑与景
观造型各自独立的自视面向，也是现代景观只
能成为建筑衬底的造型面向，它不但促成了建
筑与景观专业的分离，也导致今日建筑与景观
失去身体指向的栖居乱象。

凡·杜斯堡曾试图打破古典建筑的空间孤立
的内向性，他宣称要爆破传统三维盒子建筑，
以获得空间向环境瓦解的二维离散性，他宣称
的离心性空间，后来被密斯发展为流动空间，
并在巴塞罗那德国馆的空间里登峰造极，但密
斯依旧担忧空间流动的不定性，并在两端以 U
型墙体收束外放的流动视觉 *(fig...233)*。

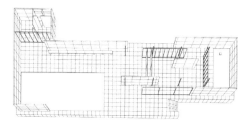

fig...233 巴塞罗那德国馆两端 U 形墙

作为美国现代建筑与景观的两大鼻祖的赖
特，却宣称密斯的流动空间，是他有机建筑理
论的后裔，受日本建筑的影响，赖特试图弥合
西方居园分离的现状，并将其住宅空间，向外

fig...234 赖特设计，温斯洛住宅窗龛与座位

扩展至大地景物。在其成名作温斯洛住宅里
(fig...234)，在其由精美花窗框景的精美窗景前，
其龛座却表述着身体与景物相背的姿态，这一

fig...235 赖特设计，流水别墅窗前家具面向

fig...236 范斯沃斯住宅家具陈设

身体与窗景睽违的古典面向，既存在于他有机
建筑的巅峰作品——流水别墅里的家具布置
里 *(fig...235)*，也存在于密斯的范斯沃斯住宅的
家具陈设里 *(fig...236)*，人们却将范斯沃斯住宅
的全玻璃技术，视为建筑向自然开放的空间艺
术。而从感情上，弗兰姆普敦可以将赖特这类
身体栖居的面向矛盾，诠释为欧洲向着壁炉与
日本庭居向景的文化分裂，这一向火而居的身
体面向，被认为能置换教堂神光的诗意方向，
但壁炉火光的能源性，将呈现现代技术美学的
空间尴尬——一旦壁炉被现代空调技术置换
后，人们却并不能从面向空调机器而获得栖居
的身体诗意。

12

栖居环境论（下）

「此时此刻，我们会发现，有意义的是，在三至四千年中竟有几亿人一直在一个相对小的面积里过着有修养的生活——他们的世界不是用机器而是用花园构筑的。」

这是弗兰姆普敦为 1999 年北京 AIA 会议所写序的一段摘录，它出自 R·雷纳 1973 年初到贫困末期的中国时的感慨，雷纳为奥地利设计的低层高密度合院住宅，也被弗兰姆普敦褒奖，在这篇集成一本《20 世纪建筑学的演变》的长序里，弗兰姆普敦对中国自那时起积累的数量惊人的现当代建筑实践，却几乎没作评价。1958 年，伍重也造访过贫困初期的新中国，他初见中国合院生活的惊讶，与雷纳相当一致，他也曾依据这些意象，在澳大利亚设计过两个居住小区 (fig...237)，据说深受当地居民

fig...238 伍重绘制，中国宫殿的屋顶与基座意象

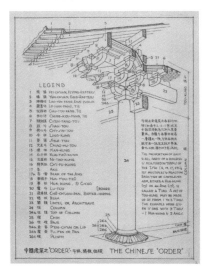

fig...239 梁思成，中国柱式

fig...237 伍重设计，院宅

fig...240 伍重设计，悉尼歌剧院

的喜爱。还据说，伍重曾在梁思成的陪伴下，游历故宫，他描绘的中国宫殿草图 (fig...238)，却忽略了梁思成用以比照西方柱式的中国式柱式 (fig...239)，只有硕大的屋顶，漂浮在基座之上，他将中国建筑屋顶大于基座，视为造型游戏，以伍重设计的悉尼歌剧院为例，歌剧院最显著的屋顶，就架设在更大的基座上 (fig...240)，这类与神庙类似的空间构造——基座大于屋顶，是将基座视为建筑纪念性的造型底图。而中日建筑常有的屋顶大于基座，却并非将建筑进行拟人体化的三段论造型游戏，它们旨在为陶渊明居于天地间的人提供日常庇护，栖居在天宽地窄的基座上，无论斜风骤雨，都能担保身体朝向自然生活的栖居面向。

相比于伍重描述过的中西方两种屋顶与基座的相反关系，冯纪忠的何陋轩，他对屋顶与基座的玩味，因有意要与密斯巴塞罗那德国馆比较，看似更为复杂，三个相互扭角跌落的基座，总体虽比屋顶覆盖面大，但提供栖身的主要基座 (fig...241)，却明显在屋顶的庇护之下。王澍曾发现，无论那几个基座如何旋转，栖身的茶轩，最终保持着朝南面景的最佳面向；最近，我还从刘藤雨绘制的模型里发现，这三块基座的旋转，与冯纪忠自造的山水关系密切 (fig...242)，北部两块互成直角的基座，大致与东西两侧小山等高线分别平行，它们为这两座台基上的身体，带来栖息山谷的山居意象，而伸入南部池面的那块悬浮基座，因直角向水，竟有栖身舟首的水居意象。这类利用山水与建筑的位置经营，构造出栖居山水间的身体诗意，在我记忆中，当代只有巴瓦的建筑，堪可比拟。

最打动我的栖居山林的当代意象，却在港大一座不知名的办公楼内，在这座位于坡地向景敞开的架空层里，人们常常聚集在其中一截空间，起初，我以为只是它框景几株横斜古木的视觉诱惑 (fig...243)，才聚集了人群向景而居的面向，但两侧一样敞向风景的条凳上，常常无人光顾。从外部看，整幢大楼，只有这截空间的上方，挑出一个玻璃盒子

fig...241 冯纪忠设计，何陋轩

fig...243 香港大学某教学楼局部场景，自摄

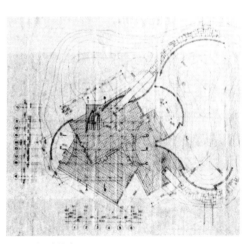

fig...242 冯纪忠设计，
何陋轩平面与山水关系

fig...244 香港大学某教学楼局部场景外观，自摄

(fig...244),它们与下部高出山坡的基座,就构造出中日庭园常见的空间模式,在这截上大下小的空间内栖居,就不必因香港常有的大风斜雨腾挪身体;而从内部看,或许是为出挑结构而设置的密肋梁,它们朝向外缘往下的一折,不但压暗了这截空间,还为这截空间带来日本书院造类似的水平景框,而这截幽暗的低矮空间所框景的古木交柯横斜姿态,完全不输于我在京都宝泉院感受到的栖居诗意(fig...245),并且它更为日常。它无关材料的现代古典,也无关造型的平顶坡顶,甚至聚集在这里的人群,也不分中国与西方,这一偶得的场景,似乎也有不分时代与地域的栖居诗意,

这在建筑与景观分离的当代,难能可贵。

几年前,与北京林大景观专业的一位教师闲聊此事,我以为,冯纪忠的何陋轩构造的山水栖居诗意,与巴瓦尝试以山坡为梯的空间奇想,绝非建筑与景观专业分离而各可为之,他忽然问我中国有无庭园建筑学的专业可能,我忽然记起计成在《园冶》的目录篇章,从相地到立基、从屋宇到装折,甚至庭园铺地,计成几乎都在强调造园有与住宅造作的相异处,我就脱口而出——当然可能,而且还有栖居诗意的可能。

庭园六议 *

Six Discussions on the Garden

* 首次发表于《建筑学报》2013年第02期，题名「庭园·建筑六议——生活与造型」

从庭院的形态议题、庭院的欧洲议题、庭院的植物议题、庭院的建筑议题、庭院建筑的结构议题、庭院的材料与细部议题六个方面对庭院展开论述，表明中国人向着诗情自然的庭院敞开生活的方式，以及在当下这一议题的现实意义。

Six discussions respectively on the forms, European cases, planting, courtyard buildings, structure of these buildings, materials and details of gardens, conclude the Chinese life style that opens towards a poetic nature, in the meantime point out its realistic significance in contemporary society.

引议

在红砖美术馆现场正式对谈时 (*fig...246*)，葛明提议我做一位庭园建筑师的中国代表，我对职业前路，向来懒于谋略，遂对他的建议，不置可否。前两天，在杭州，与王澍童明惯例的年度小聚，葛明私下再议此事，意颇深远，我依旧不愿将生活兴致的庭园议题，固化为职业标的，而他的郑重，终于督促我思及相关庭园建筑的几个议题。

fig...246 红砖美术馆对谈现场，万露摄

1

庭园的形态议题

庭院或庭园，再次成为中国当代建筑收录频繁的词语。

三十年来，庭院以三合或四合的形态造型，既曾点缀过后现代建筑的中国符号，也曾草写过地域主义的中国方言。庭院的当代议题，多半以日本式的灰空间进行描述，庭院，不再是人工建筑与自然媾和的互成性场所，而成为建筑自明的空间灰度。其实证，有坂茂在长城脚下为家具屋设计的庭院 (fig...247)，其形态简陋得如无水的陶瓷浴缸，有妹岛为一座玻璃展览馆设计的庭院 (fig...248)，其造型更像是对广场的西方描述——它是西方的露天起居室，而非生机勃勃的东方庭院。

fig...247 坂茂设计
家具屋庭院

fig...248 妹岛设计托尔多
艺术博物馆玻璃
展览馆庭院

沿着这条日式的理论与实践线索，当代中国庭院议题的空间深度，多半可以得到简陋的形态描述——庭院只是建筑的空间冗余，或建筑的无顶部分。张永和前几年在台湾对庭院的诠释——四周被围墙或房屋围起的空间形态，甚至经不起崔恺的质疑——就形态而言，欧洲也有大量的四合院，就这样，中国庭院造型议题的前途，将沿着中式屋顶当年议题的形态旧路，虽一路播种，亦将定期萎缩。

2

庭院的欧洲议题

萨尔斯伯雷教堂的附属庭院 (fig...249)，地处欧洲，它的两个庭院，一狭一方，与中国四合院颇有几分形似，但那条狭庭向着庭内的四向封闭，立刻显示出与中国庭院格格不入的格局，这条封闭的窄院，旨在封闭庭廊之柱与教堂扶壁柱无可调和的尺度悬殊，它是西方建筑造型的避难空间，而非中国与自然相遇的庭院场所。

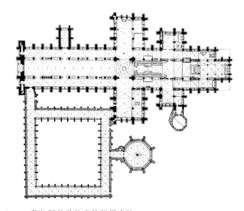

fig...249 萨尔斯伯雷教堂的附属庭院
图片出自 (*Great cathedrals*, by Bernhard Schütz)

而南向的那座方庭，环廊的向庭开敞，虽与中国四合院的廊向开敞一致，但环廊向外封闭的实墙部分，原本是中国庭院敞向自然的建筑部分，而这座廊院之廊，却仅以环廊四十个开间中的当西一间，连接一座八角形的教士会堂，庭际之长与相关建筑之少，已让人惊讶，而被甩在廊墙外部的唯一建筑，其与庭院相互闭锁的关系，也让人不解，长度足以跑马的环廊，却仅设一个入口通往庭院，这些奇特部署，简直难以从中国四合院的任何方向思议。

按我的学生朱熹对此的图解，这类柱廊院，本被视为所罗门神庙的建筑门廊，其仪式性的使用方式，也见证了其门廊的气质——人们在两种节日里对它的礼仪性使用，都先环绕柱廊院游行，而后从外部进入教堂的主入口，其神圣路径的游行性，与中国庭院的日常起居性，也相去甚远。

我原本以为，提供修士日常生活的艾玛修道院，会与中国庭院神似一些，而柯布西耶从这座修道院感受到的理想居住氛围——宁静独处，又能与人天天交往，也加剧了它们与中国庭院类似氛围的想象，因此，当看见唐勇为艾玛修道院的庭院拍摄的人视照片时 *(fig...250)*，我才格外震惊——其大小悬殊的几个庭院，无论是由真柱廊还是假柱廊围合，无论是比邻公共建筑还是修道士住所，建筑朝向庭院的封闭形态，与中国庭院相互开敞的建筑情形，简直南辕北辙，且这几处空庭，也如欧洲经典的露天广场，寸草不生。

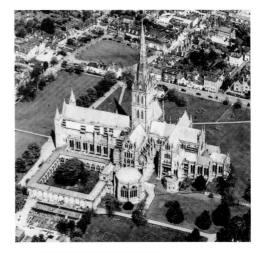

fig...251 萨尔斯伯雷教堂的附属庭院鸟瞰

想象这座庭院原先的样貌——只有平整的草坪，那个单独开口，或是提供园丁修剪草坪之用，而那两株乔木，很可能是宗教式微后的这几百年间鸟类的播种。

fig...250 艾玛修道院庭院，唐勇摄

萨尔斯伯雷柱廊院的方庭之内，却有如砥整齐的草坪 *(fig...251)*，还有两株参天乔木生长其间，它们为神圣的柱廊，注入了自然生活的庭院气息，而按朱熹的诠释，庭院的植物，因为要象征圣母未被触觉的贞洁，实在容不下中国式庭院生活进进出出的日常亵渎，我由此

155

3
庭院的植物议题

在与隈研吾进行相关自然的负建筑对谈时，朱锫以他为蔡国强改造的四合院为例，断言四合院的精髓，是纯粹无物的绝对精神，而与庭院的构成物质乃至植物都无干系，我当时反驳道——在这个宗教式微的物质时代，除开精神病科的医师，恐怕只有建筑师还在奢谈无物的纯粹精神——这段话，后来被谨慎的编辑小心删除。如今想来，朱锫的描述，虽不适合描述中国的四合院，却正适合描述欧洲庭院，在那里，庭院是敬仰建筑的造型道场，植物则是祭祀精神的坛前绿毯。

这本是芦原义信在《街道的美学》里发现的欧洲秘密，欧洲广场或庭院的尺度，并非为生活制定，而得自于观望主要建筑造型的立面视距，因此连竖向的树木也被认为是有害的，这一发现甚至诱发了芦原义信让人惊悚的建议——将日本传统城市的树木伐尽以种植草坪，幸而他很快就自我反省，并亲自铲除自己庭院新植的草坪，重新种上他不知种类的杂木树林。

就中国的庭院精神而言，文人的精神常常就寄情于这些植物之上，君子敬兰，正者仰松，陶潜痴菊，东坡迷竹，五代的周文矩以松石场景描绘唐代文豪们的自然精神 *(fig...252)*——这类场景后来频频进入《西厢记》或《金瓶梅》的庭园

插页、元人倪瓒则直接将六株杂木寄情为《六君子图》——这类植物至今还在网师园里点缀着「看松读画轩」外的庭园情景，不了解中国文化在莲荷与芭蕉里的精神寄托，简直难以进入拙政园的「远香堂」或「听雨阁」的庭园情境；

就中国的庭园理论而言，被计成誉为「林园之最要者」的借景章节，空间借景的途径——远借、邻借、仰借、俯借，所借之物却由最后一借所借贷——应时而借，它梳理了时间借景的植物线索，并被计成杂入繁复的植物意象逐一带出，而作为建筑的宅房，不过是因借自然造物的升斗借具，张岱「屋如手卷」的说法，不但要将庭园中的自然物卷入屋内，也给予了中国庭院的建筑向着自然开敞的生活方向；

就庭院实境而言，我后来在蔡国强的庭院中遭遇朱锫，我真心赞美院中的一株枝繁叶茂的古老丁香，它为这个庭院注入了自然精神的实景意象。它让我忆起与葛明在水绘园曾流连忘返的一个庭院，在那个庭院中，一株六百年的黄栌，被一个巨大的花池举高，其枝叶遂撑满四方庭院的檐口，横柯上蔽的枝叶与建筑的出檐一道，为这方庭院氛围起山林的澄碧意象 *(fig...253)*。没有这株黄栌，这庭只能以尺度度量而全无山林意向，没有这个空庭，这株黄栌或许能被视为某种造型独特的造型树，而没有举高的花池，其低枝斜干的喜人造型，虽也能以形体的造型盛满小可庭院，却难以庇护人于林下的就近生活。

fig...252 五代·周文矩《文苑图》

fig...253 如皋水明楼庭院，董豫赣摄

4

庭院的建筑议题

是否存在为庭院特设的建筑类型？

在清水会馆敞厅里的一次感受，促使我思考这一问题。那时，正为清水会馆补造北部园林，骤至的大雨，将现场的学生与工人逼入这间敞厅 *(fig...254)*，雨中的飘风，则将他们进一步挤向敞厅中间。正是这次生活经历，让我对这间敞厅屋顶与地面间可疑的齐整造型进行反思，下述反省文字则来自才出版的《败壁与废墟》：

fig...254 清水会馆敞厅，万露摄

「在隈研吾设计的森舞台里，他为酷似范斯沃斯住宅的见所造型进行辩护……，这一区别相当勉强，即便比照照片，见所与范斯沃斯住宅的造型差异也微不足道，倒是隈研吾并置的两幢建筑的檐口差异 *(fig...255)*，值得深究——用于表演的左下角的舞台建筑，选择的是传统歌

fig...255 隈研吾设计森舞台，舞台与见所

山屋檐的出挑尺度，屋檐远远超出下部架空的木地板，无论风雨，上部出挑的巨大屋檐，将庇护地板上发生的各种生活，人们甚至可以坐在雨天的地板上感受自然，即便将腿伸出也仍旧处于屋檐的庇雨之中。相比之下，形如范斯沃斯住宅的见所屋顶，出挑虽然更加深远，但它与下部地板相差无几的出挑深度，很难庇护其间的自然生活，稍有斜风细雨，雨水将随风溅上地板，轻易就将人们挤入玻璃盒中。」

这一来自生活而向着生活容器的反向考察，不但让我质疑范斯沃斯屋顶与地板在垂直面上的齐整造型，也让我洞悉应县木塔的动人之处 *(fig...256)*，并非它刻意于造型的舒展，这座雄伟塔楼重檐出挑的深出浅回，层层重复着隈研吾复原的那座古建筑模式——每一层都有自己的出挑平座，每层平座上方都有一个出挑更加深远的屋檐，象征天的深远出檐与象征地的退进平座，才媾和为天地完整的标准层庇护单元，它们曾大量以重檐的楼阁或单层的水榭样貌，出现在宋人山水画中，且真实地庇护着文人骚客们的风雨登临，向着自然方向，凭栏即可抒发自然情怀，而不必退守楼阁深处。

fig...256 应县木塔渲染图
出自《梁思成全集（第八卷）》

相比之下，错落在梁思成当年设计的一座塔楼上下的类似重檐 *(fig...257)*，却源自屋身比例的造型考量，就庇护风雨而言，中间大量的标准层里的生活，实在难以享受重檐带来的与自然亲近的机会，这一情形，在大量造型当代的高层公寓里，依旧广泛存在，即便在夏日凉风爽雨的时节，人们也很少勇于开窗享受风雨。

fig...257 梁思成设计 35 层高楼，出自《梁思成全集（第五卷）》

5
庭院建筑的结构议题

六十年前，面对现代技术的结构革新，梁思成在《图像中国建筑史》的前言里，曾直觉到中国建筑的机遇与考验：

「如今，随着钢筋混凝土和钢结构的出现，中国建筑正面临着一个严峻的局面。诚然，在中国古代建筑和现代化的建筑之间，有着某种基本的相似之处，但是，这两者能够结合起来吗？」

基于布扎体系的教育背景，当时的梁先生将这一机遇与挑战，寄托于形态表现，他力图在传统中国木结构与相似的现代结构之间，谋求一种新的表现形式，其结果造就了那类高层建筑与重檐的比例推敲。

大约同一时期，在《为什么研究中国建筑》一文中，梁思成也曾动议过将中国建筑的定义向生活方面拓展：

「许多平面部署，大到一城一市，小到一宅一园，都是我们生活的答案，值得我们重新剖析。我们有传统习惯和趣味：家庭组织，生活程度，工作，游息，以及烹饪，缝纫，室内的书画陈设，室外的庭院花木……这一切表现的总表现曾是我们的建筑。现在我们不必削足就履，将生活来将就欧美的部署。」

就生活方向而言，中国传统建筑被弗莱彻抨击为无类型差异的造型匮乏，正是基于中国建筑并无造型的宗教与世俗的预先分类，它需要在活生生的使用过程中，才能呈现出它们是居住的宅院还是宗教的庙宇，是精神性的书院还是事物性的衙署，而庭院与建筑合一的互成方

式，却不分住宅与宫殿、寺庙与道观，它们一样都敞向自然与生活。

向着结构造型而言，中国建筑木结构的千年选择，一直被认为是对木材自然属性的迷恋，如果从中国人的生活习性返视，欧洲古典建筑迷恋的砖石结构其脆弱的出挑能力，如何能庇护中国人向往自然的生活习性？以造型为核心的西方古典建筑，虽然也会用到木头屋顶，但常常将其隐藏在体量鲜明的山墙背后，其造型就类似于中国等级最低的硬山建筑。而中国传统建筑的等级，之所以能被屋顶所定级——从硬山到悬山、从歇山到庑殿的屋顶，不但意味着建筑可以敞向自然的敞面多少，还意味着它们对这些开敞生活所能庇护的深远程度。

向着中国庭院的自然生活，反思现代建筑的两种主打结构——钢筋混凝土与钢结构，从材料而言，我的学生王磊，曾在他的毕业论文里，发现这两种现代材料的发明之初，都源自于植物种植，前者是为了制造更便宜的种植盆而发明，后者则直接来源于玻璃温室，它们原本能重建在西方遗失千年的伊甸园般的自然生活；从结构而言，中国建筑原本能将这两种现代结构杰出的出挑能力，延续并扩展中国木结构庇护自然生活的担当潜力；而借助它们先天的种植与出檐潜力，我们甚至有能力将向着自然的中国庭院生活带入高层建筑，而不必尾随柯布西耶的多米诺图解之后的造型游戏——框架结构的悬挑能力，要么用以制造惊世骇俗的造型奇观——一如 CCTV，要么以结构出挑将表皮推向前台进行造型的无厘头表演，它如今已风行中国大江南北。

6

庭院的材料与细部议题

针对葛明在红砖美术馆对谈里去材料的象征化建议，我部分接受并反省，我承认美术馆大墙上方的锯齿形收口并不成功——我原意是要以其类似瓦当滴水的小线脚 (fig...258)，消除美术馆封闭而巨大的体量，或许正是我这次罕见的以造型视角的考量，它们就并不成功，但我至今仍对倒斗形的砖叠涩十分迷恋 (fig...259)，我相中它作为空间转折的意象，它将围墙的轻薄门洞转译为有某种深度的空间转折，而其斗拱意象，我并不认定它的古代性或现代性，正如拱券，在任何时代它都是用小材料建造大跨度的有效方式。

fig...258 红砖美术馆屋顶收头处理，万露摄

159

fig...259 红砖美术馆后庭倒斗式洞口，万露摄

fig...260 美术馆小方厅洞口内钢板、白墙、砖墙的细部，万露摄

至于美术馆内被葛明赞誉的去象征化的白墙（fig...260），我当时的发问，基于两种语境：

1··· 针对王澍的象山一期，刘家琨曾提问如果没有白墙青瓦能否重现中国传统意境，在这里，白墙似乎带有中国传统的象征色彩；
2··· 针对欧洲传统建筑的砖石材料，柯布西耶特意将萨伏伊别墅手工砌筑的砖墙喷成白色，以化解欧洲传统建筑的砖石象征，于是白墙，在这一语境里又具有现代性象征。

如何厘清白墙的西方现代象征与中国传统象征的时差？葛明告诫我的去材料象征，是否认定了白墙的当代象征？就中国庭院或园林的材料史而言，并不存在庭院或园林的独特建筑材料——它们所选择的材料与细部，都是当时大量建筑建造的材料与细部，在明人绘制的园林图景中（fig...261），既有砖墙也有毛石，甚至还有被认为西式的几何篱笆，就此而言，我大可使用当代大量用以填充的砖头或砌块材料，来建造今日的庭院或园林。

就生活而言，王磊在学生时代就曾质疑过我这决断，毕竟通用于传统建筑的造园建材，通常精致且有良好的身体触觉，坚持以当代大量使用的粗糙填充材建造庭园，似乎真有些教条。而香港中文大学的李士桥博士，还敏感地从当代公共建筑的普遍材料选择里，发现了西方文化的抉择痕迹——比之于中国建筑或庭院材料常常选择透气材料以接地气，当代大型超市、机场常常选择抛光的花岗岩、大理石与釉面砖等绝缘材料，是为了担保一个不被自然侵蚀的无菌空间，它继承了柯布西耶时代还将自然视为有害的西方传统；另外，与中国人迷恋那些染苔受雨的可变化材料相反，这些抛光而密闭的材料，通常以材料的不变性，呼应了西方教堂建筑里古老的永恒精神。

fig...261 明 · 钱榖《求志园图》

跋议

梁先生开启的研究中国建筑的造型道路，当代从广度上得到了空前拓展——人们从梁先生的殿堂研究走向民居研究，当代还拓展向城中村甚至贫民窟，也确实从中摘取了错落有致或尺度宜人的多样造型，但梁先生动议的将中国建筑的定义拓展至生活的建议，至今空谷乏音，至于理论研究，梁先生建议的待续之事——古建筑彩画以及小木作的装折部分，前者由清华大学的李路珂出色地完成，就建筑与自然的生活关系而言，我以为让计成单辟一章的装折部分，或许更为核心，而关于这部分理论工作，我至今寡闻有建筑学者涉足，只有业外的扬之水先生撰写的《宋人居室的冬与夏》，尝试着描述中国人向着诗情自然的庭院生活。

造园柒记*

Seven Notes on Gardening

*首次发表于《芭莎艺术》

主要论述膝园和红砖美术馆庭园的园林经营实践过程、山居意象营造，并表明，造园无论规模、园主身份、公共抑或私人，均有可图。

This chapter describes the processes of two gardening cases: Xi Yuan, a little rooftop garden in Guangxi province, and the courtyard of Red Brick Art Museum in Beijing. The practices and the architect's successful creation of a mountain-living imagery show that, regardless of the scales of gardens, owner's social status, being public or private, gardens can be beneficial to the whole society.

1

造园规模

造一座中国园林，需多大用地？

必须够大。

从中国园林曾属士大夫的身份，确能得到这种规模判断——不大则不足以匹配士大夫的大身份，但若据此得出另一条判断——中国园林不适合当代普通市民的小规模园林用地——则需对中国园林史的双重无知，从遥远的秦汉唐宋，到已接近当代的明清，园主身份早就完成了从士大夫向普通居民的渗透，从唐宋到明清，造园用地规模的急剧压缩，丝毫不亚于从明清到当代的园地压缩，明清的造园家，从未用用地局限来宣布园居理想的不宜，他们以咫尺山林的造园技巧，将原本属于士大夫阶层的园林理想，带给仅有隙地的普通市民。苏州虽有拙政园这类横街跨坊的阔大园林，但更大量的园林规模，多半都不及苏州北半园的半亩规模。

七八年前，在半园里，与朋友们消磨了半日时光 *(fig...262)*，从半廊离开时，王澍问我，在半亩大小的类似基址内，当代建筑或景观，有哪件作品能让人们流连半日？我一时沉默，在苏州，还残有更小的园子——残粒园，从总图看 *(fig...263)*，它与一旁深宅高屋的图纸比例，让任何现当代建筑与景观搭配的图纸，都显得过于松垮，残粒园的面积，大约两分余地，还不够当代景观设计师的一笔涂抹，它却山水林木俱全，还颇有楼台洞穴。

三四年前，在张琴的谋划下，我与童明有机会进入这座尚属私家的废园，立在那座集山洞、山梯、亭基、玄关于一体的小巧假山前 *(fig...264)*，我一边惊讶它密集的山居意象，一边痛感当代景观多半粗鄙不堪的现状。

fig...262 苏州北半园东半廊，自摄

fig...263 苏州残粒园总图，刘敦桢
《苏州古典园林》

fig...264 苏州残粒园假山，自摄

五六年前，广西的许兵，邀我设计一个六十平米的小园，它位于两座十七层公寓塔楼之间的屋顶平台上，面积不足残粒园的一半，主人想将它经营为膝下承欢的家聚园林。膝园之名，既嘉其反哺孝意，亦名其规模之小。我不愿用用地限制，来敷衍他的园居理想，更不愿用简陋的景观，随意涂抹楼顶基地，我将它咫尺隙地的小，视为经营咫尺山林的造园机会。

2

膝园经营

这个屋顶平台的现状，隶属于西侧公寓，它构造特殊，从两侧公寓塔楼向中间挑出合拢 (fig...265)，园林格局最初顺势的二分，是为回避两片屋顶之间沉降缝的复杂技术，这是相地的最初动作；随后四分为东南、西南、东北、西北的用地格局，则来自对中国园林起居意象的构想，它不同于西方源于亡灵祭祀的几何景观——它只合为政府部门竖立陵寝般的肃穆氛围，也不同于西方当代盛行的原生态景观——那只能为尚未进入衣冠文明的亚当夏娃们提供伊甸野生动物乐园，甚至也不同于日本以视觉沉思来外置身体的禅庭，中国园林的经营起点，就是身体起居的日常诗意，这园居的身体，被北宋郭熙以可行、可望、可居、可游所指引；这园居的理想，则被北宋米芾以「城市山林」所匾额——身在城市，如居山林，按这园居的山林意象指引，我将地处闹市的膝园，区分为四个区域，以经营城市山林的四种错综场景 (fig...266)：

fig...265 十七层楼顶膝园仰视，自摄

166

0 1 2m

1⋯ 一枚石池，用以经营山间泉池的
　　山林意味；

2⋯ 半间桂庭，可以增添林木荫翳的
　　山林氛围；

3⋯ 一座木亭，用以家庭起居膝语；

4⋯ 一方空院，用于朋友小聚品饮。

此外，我从它西侧的公寓拨屋一间，辟为膝园的书房，欲以书房的花窗，框景园内的花木池鱼 (*fig...267*)，借景石池的书房位置，决定了石池紧贴书房的西南位置；木亭作为居于山林的物证，亦须借景石池，它余有两个位置——

池北与池东，亭于池东，则隔池与书房对，这却是山居对仗的诗歌忌讳，在谢灵运的《山居赋》——「面南岭，建经台；倚北阜，筑讲堂；傍危峰，立禅室；临浚流，列僧房」——里，山居的要义，就是要以不同建筑对景不同山水，在膝园用地里，为避免以亭对书房的尴尬，亭遂据池北向南对水 (*fig...268*)；在余下的东南、东北两块空地里，如何配置一方空院以及半间桂庭，却颇费思量，屋顶平台，虽不宜拨山，但可植林，但植庭何处，而院空哪里，最终以东南植桂为桂庭，而空东北为空院，理由有三：

fig...267 膝园书房花窗框景石池桥石，万露摄

fig...268 膝园膝语亭对水意象，万露摄

167

1···　依石池脉络——从西南书房看池，东南桂庭因种植土方而抬高的地坪，将西南石池装扮成林中山池的低洼意象，不然，则有水高于院的水脉异常 *(fig...269)*；

fig...269 滕园亭、桂庭与空院的位置关系，万露摄

2···　依生活思量——东南植物，可荫翳北部空庭的夏日生活 *(fig...270)*；

fig...270 滕园桂庭与空院的遮蔽关系，万露摄

3···　依位置经营的疏密、狭阔对仗而言——东南植桂之庭半间而窄而密，往北则可对一间空院的空而旷，往东则可对水池的低而敞，我如今很难设想，桂庭与空院位置的互调，将会导致何种尴尬格局。

3
滕园诸作

咫尺池石作：

石池虽小，却是滕园的核心景物，构思之时，或是地处广西，涌出的石池意象，立刻就是柳宗元的《小石潭记》，「全石以为底」五字萦怀不去，遂选本地皴纹类似之石驳岸，以谋全石池底的翻转之意，池中以一长两短石，度为矴桥，桥石斜对书房花窗，将石池斜分为二 *(fig...271)*，南小北大，南行北居，南行于矴步，北居于滕语亭。

fig...271 滕园石池二分俯视，万露摄

滕语亭木作：

许兵囤了些红木，供我榫卯一座木亭，抬高亭地木板，以藏水亭下，亦扩展小池水面。亭居向池则身危，许兵以美人靠出水护之，背池则以木板所夹对联，以拟面南背北坐卧之屏意。

屋顶建议用石棉瓦时，许兵诧讶问我——石棉瓦顶何可匹红木之亭？我用日本人以金箔收茅草屋顶的故事，也难消除他的疑虑，最终，我用两层石棉瓦中间可泄水如雨的意象，才让他勉强一试，后来石棉瓦顶滴水的意象，确实沁凉喜人，近日为他设计仰俯庭的青瓦屋顶时，他倒总问我何不仍用石棉瓦。

其余诸作：

滕园处境高楼，俯瞰邻里建筑，皆多断头平顶上不堪入目之杂物，思以花格墙屏之，为省面积，放弃砖作花格的习惯，试以六公分厚混凝土预制花格，为省模具费用，只以两种花格横

在许兵这几年的精心料理下，石池水清鱼肥，庭地苔染鼎绿，春夏间的林木荫翳，常有苍蒨逼人的山居碧气。

竖调整，遂填满四壁 (fig...272)；桂庭铺地，用明人计成建议过的瓦波浪，计成所要「当湖石削铺」，以带出山居水意，而岭南难觅太湖石，许兵则在桂庭靠池的铺地间，嵌入一块带窍小石，并将藤蔓牵入窍内缠绕，攀墙爬壁，我甚喜此为。让几位同行们赞誉的庭径铺地，也是许兵督造所成，我仅提供来自计成的造园意象，空院聚友居留，需铺设规整，而桂庭南侧小径，仅需行望时的脚感，发给他一些苏州园林庭径的铺地，他居然用工地的瓷砖料石等废材，铺设得像模像样 (fig...273)，其变通之妙，不输李渔，也让那些仅以材料来强造传统或现代的景观师们汗颜。

4

园主身份

滕园的山林意境,大半归功于园主许兵的经营,他将打点庭园的琐事,视为赏心悦目的消闲时光,甚至还不肯独享,有时会带儿子来修藤喂鱼。曾在滕园品茶的一位朋友,曾将园主这种诗性生活能力,归为两点:

1··· 他白手起家的富足,支持着他这
　　　种生活的悠闲品质;
2··· 他家四代北大清华的连续文脉,
　　　滋养了他的生活情致。

景观专家们却将中国文人阶层的丧失,视为中国文人园林不合时宜的文化理由。

这若不是对自身文化素养的否定,就是对当代居民文化程度的污蔑。

传统中国,平民以十年寒窗而成文人,当代中国的九年义务教育,让中国居民普遍具备古代文人的九成成色,而这些景观专家们的文化年份,在九年义务教育之外,常常还要读完三年高中,再接受三(大专)到五年(本科)的风景园林专业的训练,有些人还需到国外待上几年进修成硕博,两倍于中国古代文人年份的专家们,多半不肯承认自己缺乏文化,就将文人园林在当代的文化不适,指向中国当代园主有八成是商人的身份上,这个比例,很接近扬州古代园主的比例,扬州当年多半业主的盐商身份,也异常接近当代最被文化糟蹋的房开商,却不妨碍扬州这类商人业主的园林,成就了中国园林文化的一代盛名,当时,它甚至超过了苏州园林的名声。

景观专家们却说,这些文人为腐朽生活而造的园居,绝不能成为当代普通人的居住理想。这说法,肤浅而阴险——难道穷人就只配拥有穷景观?当代景观师因此要以稻田、沼泽、甘蔗地这类乡土景观,取缔士大夫腐朽的城市山林,这类景观被宣扬的现代性,不过是返祖了农耕时代的古老囲囵,既无力解决当代城市景观的密度问题,还冒着被农林水利取缔专业的风险,况且,这类要将农民庶民的劳作视为景观的当代做派,却是比士大夫还要腐朽的奴隶主做派,连腐朽而纨绔的贾宝玉都看不上,贾宝玉好歹还知道,将稻香村这类乡土景观带入城市,只能表达造园者的某种乡愿,决定稻香村建成品质的,却绝非愿望,而是造园者的技能与造诣。

将愿望视为能力,是各个时代无能者的常用伎俩,计成在他卓越的造园典籍《园冶》里,很少谈及园主的身份与文化程度,他特别声明,园林里的能主之人,并非园主,而是能担当造园质量的能人,他将造园者的质量担当,从七成追加到九成,剩余的三成或一成责任,计成将它们分摊给参与造园的工匠,基于对造园能力的自信素养,他从未如当代设计师们那样,要将建成环境的失败,全盘卸向业主的文化程度。郑元勋是计成的一位文人东家,他在为计成的《园冶》写序时,盛赞计成的「异宜」能力——不管业主或富或贵的气质差异,计成总能以不同园林来应变园主的气质差异。

这虽是我所向往的调和能力,我对造园东家的要求,却出了名的苛刻,但我很少计较东家的文化程度,我最近的业主,是我高中的同学,他高中毕业后一边教书一边养猪的经历,并没引发为为他造座农场的景观奇想,我被他凡事认真讲究的朴实气质所吸引,我正努力在造价限制下,为他经营一座名为「耳里庭」的山居宅园。

6

红砖美术馆庭园的
山居意象

苏州环秀山庄的大假山，让人惊
人戈裕良堆叠的石山，占地不
过七米，却以峰峦、沟壑以资行
山台以助居游。我没有自信能
座居游俱佳的佳山，却相信把拆
义，并非来自对材料新旧的好恶
水泥涵管架桥，以向颐和园的
(fig...280)；受王羲之的——「山阴
镜中游」——的意象感召，我尝
的密集阴影，来为七个连续的圆
的镜游情景 (fig...281)；基于对山
空间理解，我用两排大台阶跌

fig...280 池北混凝土管建造的十七孔桥，邢宇

5

红砖美术馆庭园格局

2007 年，闫士杰披着长发来找我，要我为他设计一座红砖美术馆，他开口就说自己是万恶的房开商，我对他开发商的身份，并无好恶，他对我的尊敬，虽让我受用，但让我接手设计的却是他不卑不亢的自信，他说他在邢台盖的房产，口碑都很不错，我后来也专门去邢台看过，我对他追求的巴厘岛风格毫无兴趣，但从中却看出他做事的性格——凡事认真讲究。我用了三个月，完成了将一座农用蔬菜大棚改造为美术馆的建筑设计，而对美术馆附属的庭园设计，至今还未完全了结。

当初，立在这处日渐喧哗的城郊用地上，面对杂木不生的开阔空地 (fig...274)，我该如何开始城市山林的意象经营？在这块用地北部百米左右，我发现一块低洼的沼泽地，水位相对稳定，我以此断定这块基地，也应有丰茂的地下水源。我立刻知道我要做的事，挖池堆山——以挖南池之土，堆成北部之山，它毫不特殊——从明代王世贞的私家园林，到新中国成立之初的陶然亭公园，这都是中国平地造园的基本起势，崇尚美国几何或原生态野生乐园的景观师，虽将中国造园就地挖池堆山视为破

fig...274 红砖美术馆附属庭园原有场地，自摄

坏自然，却不知当代惯用的玻璃钢或切割石等现代造园材料，比直接以石掇山至少要多浪费一次加工的能源，与景观大国美国相关的一个环保冷笑话，讥讽的就是这类矫情：

见中国人直接在太阳底下晾衣服，美国人很不解，问：

何不用环保的太阳能烘干机来烘干？

中国人笑而不答，窃笑其蠢。

我的造园困难，不是挖池堆山这一古老起势是否环保，而是如何直面中国居住景观规范的西式教条——西方景观与居住区分离的技术规范，我猜源于古埃及或基督教古老的亡灵文化，它们却支配着中国今日居住区的大量核心景观，只有无关居住的车库类临建，才有资格嵌入其间，若按中国城市文化的居住习惯，最重要的居住建筑，常常就是点缀在景物之间的那些，被园林导游津津乐道的中国园林的景点，在造园家的造诣里，则是高超的点景能力——如何能将建筑布置在对景的绝妙位置上。

在现行中国建筑的景观规范里，我虽能在美术馆后部空地里掇山理水 (fig...275)，却几乎不能在其间设计任何像样的人居建筑，甲方虽压不

fig...275 挖池堆山之后的结果，万露摄

住面积的欲望，令我将一座以消防
水廊玄关，加冕为小餐厅，但它质
置，却很难与山水对景，它如今正
中 *(fig...276)*。我只能将美术馆北
的废弃库房 *(fig...277)*，按原基础翻
咖啡厅，只因距水稍远，抬高半层
水 *(fig...278)*，整个园区内，我惟一
建筑，只有池南一座开敞的茶轩
面山近水，稍表园林居游之意。

fig...276 由水廊玄关改造的西餐厅，万露摄

fig...281 东北角槐序镜游，自摄

fig...283 槐谷居意，周仪摄

fig...277 基地内原有库房，自摄

fig...278 由库房改造的咖啡厅现状，万露摄

fig...282 槐谷山林意象，自摄

fig...284 山涧与矶步布石，邢宇摄

最困难的掇石经营，却不是这类石组，而是甲
方让我安置忽然买来的七块巨石，园林掇山，
源流三派——全石山、石包土、特置石，最难的
就是孤石特置，难点在于其孤立无势，江南四
大名石，除杭州的绉云峰，能与旁石有高下勾
连之势，其余三石，皆孤峙自置而失势，实无
可观，狮子林之失，正在山上诸峰，各自特置
自品 (fig...285)，群石遂孤立失偶而乱，沈复因
此批评它如堆乱煤渣，计成亦批评拳石孤立，难
成山居之势，计成建议以峭壁山代替，却始终
不言独石如何特置。

fig...286 石庭横石经营，自摄

fig...285 狮子林假山，自摄

以势为鉴——势不独言造型，尤言关系，遂将
五块巨石分置在三条窄院内经营关系，以横
石悬于半圆庭中，以隔僻静可居地 (fig...286)、
以山形石嵌于挡土墙间、以窥谷石隙中、以
涡旋石横隔别院，以旋藤涡中 (fig...287)、以象
石背靠实墙、以成池院涧水处、以纵长石跨

fig...287 石庭涡旋石旋藤，悦洁摄

墙，以出瀑池塘间 (fig...288)，其余两石，取平
展如台者，浮于池面 (fig...289)，以桥度之，则
可三四人品茗棋隐；取横平如屏者，屏立池南
岸 (fig...290)，接以青瓦台，供五六人面水居留，
此七石掇置，不以石形为势，而以石所事为
势——以石事庭、事藤、事水、事岛、事屏，石
遂以诸事为势，而颇得山居诸意。

fig...288 石庭跨墙流瀑石，自摄

fig...289 池中浮石如岛，万露摄

176

7

公众与私人

去年年底，葛明在南方偶见滕园的近期照片，惊讶之下，深夜来电，嘱咐我再接再厉，他说你已造起了三种规模的庭园——几十平米的滕园，一百来平米的君山小院，十余亩地的红砖美术馆庭园，他建议我再尝试着造一个几十或上百亩的大园子，以考验我在不同尺度下的造园能力。

这一建议相当诚恳，他没有用景观专家的口吻来否定中国造园的多种规模，后者却从中国园林属于士大夫的身份，否定中国园林的小尺度能力，这固然弱智，而从苏州园林多半私家的属性，断言中国园林不适合当代公共园林的大型尺度，也一样残识，且不说苏州的沧浪亭多半历史都属于公众，而杭州规模足够的西湖，即便业余导游都知道，它既是中国园林，也是公共园林，顺带地，这座由两位腐朽的文人士大夫——白居易与苏东坡隔代督造的中国园林，一直到现当代，却都是中国居民最向往的居住理想。

就规模而言，安德烈·布朗齐在《平衡的诗学》里说——你能建 1000 平方的浴室，但你只能有一个屁眼；

就感受而言，妹岛和世说——即便能容 1000 人的公共会堂，对它的感受性判断，也只能是个体性的；

就艺术判断力而言，1000 个读者就有 1000 个哈姆雷特的老旧说法，正说明感受性判断的个人性。根本没有公共性的感受与鉴赏一说，抽象的公共性，正是感受个人性的天敌。

将景观或建筑，区分为公共与私有，只是物权或规模分类，而无关公众对作品的感受与判断，它对建成环境的口碑就毫无裨益。在红砖美术馆的造园实践里，我从未想过它是公共还是私人的园林属性，它与膝园，虽有规模的巨大差异，我都希望它们具备个人可感的山居意象。最近，因红砖美术馆庭园部分的持续改造，我常常在庭园内漫步，我从未将那些在山林间漫步的家庭老小、在茶轩里聚餐的不知名公司的员工、三三两两四处拍摄的时尚青年——视为抽象的公众，我才能听到他们或赞或批的不同感受，我只欣慰于赞毁的比例。

就在昨日晨午之际，美术馆还没有什么人来，透过咖啡厅东边的玻璃门，我看见一家四口在小教堂的西龛外逗留 *(fig...291)*，年青的父亲，正将

小女儿横陈膝上，一边仔细地为她搽着屁股，一边对她低语，一旁搁着一个装满尿不湿的垃圾袋，在他们身后，年青的母亲，胸前挂着不知性别的安静幼儿，也自安静地翻看着什么，转眼间，那个小女孩就从父亲手里脱身，欢笑着转过一个墙角，往池塘与山林的深处跑，父亲笑喊着尾随其后，母亲则不紧不慢地从容缓行，这一家庭生活的温馨场景，让我欣慰，也让我记起多年前见到一则消息时的激烈情绪，当时似要为奥运整治北京站的新景观，某份晚报报道说：

北京站一侧的草坪，在傍晚的阳光下格外整洁，一对年青的父母，正与婴儿躺在草坪上酣睡，一位执勤人员礼貌地叫醒了这对父母，让他们抱走了婴儿，恢复了草坪整齐的应有秩序。

原文记不清了，大意如此。

从那时起，我就痛恨所有写着「小草微微笑，请你旁边绕」整齐的草坪景观，我就总以童寯的草坪论述——对稍有中国智识的人而言，整齐的草坪只对奶牛有吸引力——来解气，我就总是看不惯清华东门前那类巨大的简陋草坪 *(fig...292)*，它们固然能为两旁林立如石象生的大楼增添肃穆的气氛，却丝毫不能为路人提供生活的任何便利，更不用说生活其间的诗意。

fig...291 美术馆报告厅西龛前场景，自摄

fig...292 清华东门草坪与建筑关系

西方现代居住景观的文化简陋可以原谅，毕竟，一千年基督教文化之后，为普通人生活而建筑的建筑学口号尚不足百年，而尾随其后为普通人而景观的景观学口号，就更加短命，它曾被黑格尔视为建筑学发育不良的小学妹，它虽在新近晋身为与建筑学一样的一级学科，似乎只是被中国当代快速建造的景观业务量所促迫，而非它在居住文化理解上有所提升，它尚未从西方主流基督教的死亡文化的肃穆景观里苏醒，也未从基督教之前伊甸园的原始荒蛮里脱胎，相比之下，在中国，自陶渊明以来，为普通人的日常生活注入诗意，已有 1600 年的历史，相比于中国人从舌尖上获得吃文化的当代自信，中国人原本更应自信于中国的居住文化，毕竟，世界上从未有哪种文化如此聚焦于日常起居，中国文人前赴后继地以唐诗、宋词、元曲、明清小品——注入到日常生活的起居里，而园林作为汇聚中国诗歌与绘画的艺术集萃地，原本可以媲美于基督教为西方汇集千年的艺术智慧。

我承认，基督教文化为如何建立让人敬畏的特殊氛围，举世无双，值得学习，相比之下，中国工匠在明清故宫或帝陵里营造出的肃穆氛围，总残有不可消除的园居意味，以故宫为家宅的乾隆皇帝，在作为普通人的生活感受上，还是忍受不了这种不甚日常的肃穆，故宫里虽有后花园稍可冲淡这肃穆，他常常还会躲进如今的颐和园里办公起居，有时还会藏入其间更小的园中园——惠山园里偷闲，这一如今名为谐趣园的惠山园，模自江南民间的一座私家园林——无锡惠山边的寄畅园，而整座颐和园本身，从总图上则与那座公共园林——杭州西湖异常类似，乾隆选择这两个摹本的理由，无关大小与规模，也无关私家或公共，而是它们为城市生活提供的山居品质，这几座传统私家或公共园林，如今都充公为当代中国公民乃至世界游客的消闲圣地，但凡有节假日，人们就会远离遍布中国当代景观的城市居所，涌向城中

尚存的这些传统城市山林，或城外尚未被景观污染的人文风光，前者是对中国传统园林的当代认可，后者则是对中国现代景观无文化的隐性失望，这才是当代普通公民的真切反应。

双园捌法 *

Eight Methods and Two Gardens

＊首次发表于《建筑师》2014年第06期，总第172期，108页，题名为「双园八法——寄畅园与谐趣园比对」

以无锡寄畅园及北京谐趣园为比较，从山水诗的诗法、山水画的形法，以造园的位置对偶、掇山高下、理水远近、林木藏露、滩桥气势、空间离合、居游动静、赏析古今八个方面，对两园进行优劣比较，并阐明中国人如何将诗情画意带入日常生活里的造园法则。

This article compares Jichang Garden located in Wuxi and Garden of Harmonious Interest (Xiequ Garden) in Beijing through examining how the laws of composing Shanshui poems and structuring Shanshui paintings are applied in their designs. Eight pairs of key characters (eight Chinese words) are observed throughout the course of comparing, in order to manifest the superiors and inferiors of these two gardens. The eight words are: "parallelism" (Dui-ou) in terms of the layout arrangement, "high and low" (Gao-di) in terms of hill piling, "distant and close" (Yuan-jin) in terms of water arrangement, "hiding and exposing" (Cang-lu) in terms of tree planting, "interactive forces" (Qi-shi) in terms of the arrangement of bridges and shoals, "partitioning and matching" (Li-he) in terms of the arrangement of walls and corridors, "moving and ceasing" (Dong-jing) in terms of traveling and staying, "ancient and contemporary" (Gu-jin) in terms of garden criticism. Based on the analysis on the eight aspects, this article clarifies the laws of gardening through which the Chinese repose poetics in their daily lives.

引

在南宁明秀园，偶与曹汛评园，曹老以其考据园林之广，嘉许明秀园为山水林木第一，我以其园亭湮没而居游不足，另许无锡寄畅园为生平所见第一，曹初愕而后喜，大呼知音，始知其为寄畅园，原有披幽光大之功；去上海邀童明同游寄畅园，一路极言其佳，童明以图勘童 《江南园林志》之历，笑言苏州之外无佳园，披雨至无锡，横街入古园，童明一时沉默，以为确有异于吴中诸园奇趣，即购寄畅园图册，随游随品。

我无童明按图索骥之认真，亦无曹老搜文考据之功底，仅略知无锡寄畅园是北京谐趣园母本，每年都在北大的园林课上比较一回，每年都与不同朋友在两园小聚，每年都兴起写些双园比对文字意。几年前，中心的黄晓同学，竟以此两园比较开题，目期心待，论文成时，寄畅园考据图文详尽，全不言我所知最少的谐趣园，说是留待毕业后续做，再见黄晓，送来一本他与高居翰合作的《不朽的林泉》，仍未言谐趣园余事。前年中，与李兴钢工作室重游寄畅园，写意涌动而琐事繁忙，去年夏秋，葛明寄来他学生唐静寅的论文，有比较寄畅园与谐趣园的小节文字，再逗写意，遂乘秋兴，试写双园比对文字，稿将草成，父殁往生，今捡此稿，时又近秋。

1

位置 / 对偶

「宋初文咏，体有因革。庄老告退，而山水方滋。」[1]

山水文体，滋生于南朝宋初，现代园论，常转引刘勰这段文字，以说明山水造园的格局变化，与此大概同期。但这只是断代猜测，若要从中考究中国造园的山水造法，总要追究山水新诗的作诗句法，刘勰随后就谈及此事：

「俪采百字之偶，争价一句之奇。」[2]

首句中的「俪」「偶」二字，皆有「对偶」意——百般搜求奇字对偶，只为新句增奇赋彩。

南朝宋初，将搜来的奇特字词，进行对字成句的对偶实验，引发了山水诗歌的对仗句法，以谢灵运的《山居赋》为例：

「面南岭，建经台；倚北阜，筑讲堂；傍危峰，立禅室；临浚流，列僧房。」

他搜来四个相关身体的动词——面、倚、傍、临，用它们对偶四个经营动词——建、筑、立、列，立刻就给这四个原本普通的经营动作，带来强烈的身体动向，这动向，将四种山水景物——南岭、北阜、危峰、浚流，与四组居住建筑——经台、讲堂、禅室、僧房，对仗媾和，合而为山—居：

山——自然山水景物
居——人工居住建筑

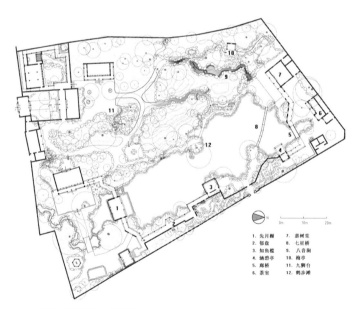

fig.-293 寄畅园现状平面，王欣重绘

1. 先月榭　　7. 嘉树堂
2. 郁盘　　　8. 七星桥
3. 知鱼槛　　9. 八音涧
4. 涵碧亭　　10. 梅亭
5. 廊桥　　　11. 九狮台
6. 茶室　　　12. 鹤步滩

....

[1] 南朝·刘勰《文心雕龙·明诗第六》。
[2] 同上。

fig...294 寄畅园园山—居对仗，
左为池东知鱼槛，右为池西山林，万露摄

fig...296 谐趣园池东西两岸，左为饮绿亭（位置类似知鱼槛），
右为池西楼廊及背后万寿山，自摄

这几组山—居对仗的媾和意象，媾和了自然与人工、景物与建筑的位置关系，也预告了中国造园千年以来最重要的位置经营法，所通用的，正是山水诗歌滋生时的字词对仗法。

以对仗法析园，顿觉寄畅园全畅此意，但见谐趣园形趣全非。

从总图上看，寄畅园水池南北横陈 (fig...293)，池西假山所接惠山余脉，携巨木阴翳逼池，遂成一派盎然的山林意；池东地薄临城，因散置知鱼槛、涵碧亭等起居建筑，建筑与山林隔池对仗，且以居所裁山剪水，框出「城市—山林」对仗的山—居意象，此其人工与自然、城市与山林隔岸对仗之大观 (fig...294)。

今日谐趣园 (fig...295)，仅残当年模仿寄畅园的形骸名目，却皆形似神离，谐趣园虽摹来了寄畅园的山池模样，却于位置经营上痛失格局——亭台楼廊环池一周，不但将苦心经营的真山假山裁出建筑之外沦为布景，亦将与寄畅园类似的山林地，圈成全无山林气息的庭院用地。环池虽可周游，触目皆先见建筑 (fig...296)，即便隔岸对望，也是亭台对楼阁，长廊对水榭，恰如两男儿隔岸对歌，有失山—居对仗原拟男女媾和的古风——它曾是中国人经营城市天堂的对仗文法——「三面云山一面城」，是杭州城居与山川的天然对仗，「几面亭榭对池山」，则是艺圃为苏州提供人造天堂的密度对仗，这两类中国城市居住天堂的经营法，共享谢灵运的山—居诗歌对仗法：

以天然对人工，对而为天—人；
以山林对居所，对而成山—居。

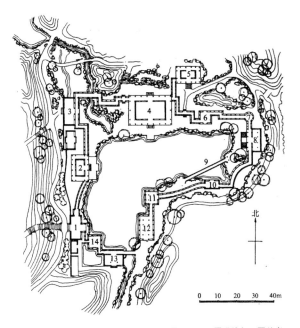

① 园门 ② 澄爽斋 ③ 瞩新楼 ④ 涵远堂 ⑤ 湛清轩 ⑥ 兰亭
⑦ 小有天 ⑧ 知春堂 ⑨ 知鱼桥 ⑩ 澹碧 ⑪ 饮绿 ⑫ 洗秋
⑬ 引镜 ⑭ 知春亭

0 10 20 30 40m

北

fig...295 谐趣园现状平面图

2

掇山 / 高下

南朝宋初，比谢灵运年长十岁的宗炳，以《画山水序》开启了卧游山水的画论格局。为解决咫尺画幅如何框入真山大水的山水画难题，他写下后世被称为透视的文字：

「且夫昆仑山之大，瞳子之小，返目以寸，则其形莫睹，回以数里，则可围于寸眸，诚由去之稍阔，则见其弥小。」

这段文字，大致描述了视觉对象在不同距离中的感知变化，千年以后的西方透视学，将这一感知变化描述为「近大远小」，并将这类变形视为感知错误，西方透视学的写实任务，就是要纠正视觉的感知变形，以还原事物触觉的真实大小。

明清造园家，却从这一视觉变形中发现契机，宗炳面临的绘画任务是——如何将宏大的真山大水纳入咫尺的画布上，他因此选择——「回以数里，则可围于寸眸」的远小，以让真大山可入小画幅，与此任务相反，在隙地间造园的明清要务却是——如何让小可的假山感知出真山般的高峻意，计成与李渔所选择的就都是——「返目以寸，则其形莫睹」的近大，以使小假山可写真大山意，即便只有几米高的低矮假山，如果与身体近到「返目以寸」的逼近距离，就能获得「其形莫睹」的真山般的不尽感受，计成与李渔建议的峭壁山，皆以此法实现，它的诀窍，被张岱论砎园时以一个「逼」字道出——逼山，则山高。

以此逼山法，品评寄畅园山—水的意象经营，其山水互成的形法是——西山山势的高一下，却由池形的狭一阔对仗助成，池形东西之狭，遂使西山逼近东岸居所（见 *fig...293* 寄畅园总

图），在郁盘折廊或知鱼槛一带框视西山，因「返目以寸」的视觉狭近，林木森森的假山，几乎溢出视域，而获真山「其形莫睹」的高峻意象 *(fig...297)*，它甚至无需借假山之外的惠山真势，就将高不过三米的西岸假山经营出咫尺重深的高峻感受。

与寄畅园的狭池相比，谐趣园的池面，却以不明所以的一折（见 *fig...295* 谐趣园总图），折至东北角的知春堂时，已去山甚远，其裁剪的万寿山西麓，高虽可两三倍于寄畅园西部假山，却在宗炳——「去之稍阔，则见其弥小」的远小打折中，折真山而成小丘 *(fig...298)*。东南角的饮绿、洗秋两阁，它们与西山的距离，虽类似于寄畅园知鱼槛与西山，谐趣园对视中的西山，却因将建筑截于山前，建筑尺度的近大直观，就还是衬出背后真山远小的布景光景来 *(fig...299)*。

fig...297 寄畅园自知鱼槛望西山，万露摄

fig...298 谐趣园自知鱼堂望池西万寿山西麓，自摄

fig...299 谐趣园自饮绿阁看池西万寿山西麓，自摄

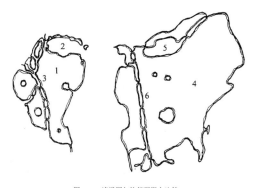

图 7-74·清漪园与杭州西湖之比较
1-昆明湖 2-万寿山 3-西堤 4-西湖 5-孤山 6-苏堤

fig...300 清漪园与杭州西湖之池形比较

fig...301 寄畅园自先月榭望嘉树堂方向池面，万露摄

3

理水 / 远近

与童明、葛明雪游谐趣园，西山的林木凋零，让我注意到——它竟比寄畅园的西山高出几倍，这如此违背我的身体感知，遂对寄畅园的水面，肯定阔过谐趣园的模糊感受，也不甚自信，我从李兴钢学来一种比较法——在等比例的总图上比较两个池面，果然让我错愕，谐趣园中折的一半水面，就已接近寄畅园整个池面大小，感知与实测尺度的巨大反差，就来自谐趣园的池形中折，它对水势自身意象的远近经营，亦造成夭折伤害，因其对半一折（见 fig...295 谐趣园总图），在园中多处观水——从东北「知春堂」、西部「澄爽斋」、南部「引镜」、北部「涵光堂」望水，都只能见整个水池折去一小半的大小（见 fig...296），这真是「大中见小」的池形挫折法。

即便汪洋巨浸如西湖，亦尽留西湖湖面大观，仅以苏堤小隔余水，以小比大之感知对仗法，在颐和园模仿苏堤之西堤，被模仿得像模像样（fig...300），而苏州怡园、狮子林乃至北京的玉渊潭，都呈现出如谐趣园理水中折的池形硬伤——大者不大，小者不小，既难以以小衬大，遂不能小中见大。

而寄畅园池形的狭长，一笔而两得山高水远——以其狭长之狭，横对逼山则山高；以其狭长之长，纵观水长则水远。从「先月榭」「嘉树堂」南北对视池面，都极尽水势之远（fig...301）。其池并非不折，而折之有法，它要以尺度的大一小，折出可会心的远一近——寄畅园狭长水面，至北部将尽其远之际，忽折而东，忽以七星桥截其所折——此桥当池形大一小对仗之折位，而非桥形自身曲折，水顺桥势，向东北逼岸处，再小折而北，复截以廊桥粉壁

(fig...302)，至此园内池面，以七星桥截分大一小，以其东池之小对仗西池之大，遂觉西池之势更大更远。

fig...302 寄畅园池形东北折，图左中为七星桥，右为空廊跨水藏水，万露摄

谐趣园的知鱼桥，位置本仿寄畅园的七星桥，但因水形之折，其位置顿生乖戾，它向西不收水势长向，仅能对岸咫尺，既难续水远余绪，只堪俯首观鱼。它向东虽亦截水东南而折，水却遇廊基而尽 (fig...303)，既无余脉可续，无复水远之势。

fig...303 谐趣园知鱼桥折水，右岸断水无脉，自摄

4
林木／藏露

关于水远，郭熙说：

「水欲远，尽出之则不远，掩映断其脉，则远矣。」③

郭熙要将一览无余的景物掩断，但要留有可窥的视觉，来映照余脉不尽的深远意象。

寄畅园狭池池形，大抵南北偏西直贯，自先月榭西北望水，狭水中段处，东凸知鱼槛，西出鹤步滩，东凸对西出，遂为直池中腰收束，此为寄畅园狭池第一重掩映；水折往北处，两岸各出滩头，收窄水面，接以七星桥，桥虚掩水面，而水脉不断，此为寄畅园狭池第二重掩映（见 fig...301）；水脉过桥继续北折，旋以水上廊桥粉壁为第三重掩，水于廊桥下小折而不能见其脉，以此三重掩映法，寄畅园之狭水，方得咫尺重深 (fig...304)。

fig...304 寄畅园自鹤步滩望涵碧亭掩水数重，万露摄

....
③ 北宋·郭熙《林泉高致》。

自廊桥间西南对望，七星桥则为第一重水掩之障；再往西南，则以鹤步滩与出山细堤收束水面，且架一贴水细长石桥，此为第二重水掩；它们与西部假山截成山间咫尺小潭，亦可与一旁阔水，对仗出小中见大的比对感受，细长石条贴水之低伏，则可与近旁假山林木高耸，对仗出低中见高的比对感受，此处林木阴森，疑为惠山园时期瀑布注池故址，茂密的林木藤萝，既掩水头的水平水脉，亦续山涧之挂落山络 *(fig...305)*。

交接处，皆以参差黄石包土植树，既以树石媾和对仗出些许山林意象，亦以灌木垂挑以阴影遮掩水头水尾。

谐趣园的池岸四周 *(fig...306)*，皆驳岸整齐而少土，难植灌木收束水线，遂使池形边界一目了然，已犯造园大忌。历来造园，池小则留空纳影以镜影其大，谐趣园当年满植莲荷，夏秋之际，高荷簇岸，挤难见水，计非掩脉以致远，竟以掩水而失水脉所在。

fig...305 寄畅园自涵碧亭望鹤步滩掩水两重，万露摄

fig...306 谐趣园池岸多石少灌木藏水，自摄

林木对山高水远的经营功效，因梁简文帝而闻名，他说——「会心处不必在远，翳然林木，便自有濠濮间想」——林木之「翳」，是以林木亏蔽的阴影所造成，其掩映模糊的意象，正能经营「近清晰远模糊」的模糊远意，宋代词人，以杨柳堆烟经营庭院深深的深远词意，而郭熙「三远法」中的「深远」，就常以林木为掩映的道具。

寄畅园的知鱼槛西北，有树西挑而低，鹤步滩东头古木东斜而高，东西两木交柯于池上，高低远近的横柯投影，遂将池面掩映成南北明而中部暗的明暗三段（见 *fig...294、fig...301*），正似郭熙以云烟树石为障远法绘制的画面效果，在植物掩映的阴影窥见里，水色幽暗而深，水形模糊而远，则有深远的浩瀚气象。寄畅园但凡藏水头处——七星桥头，廊桥粉壁两端，池廊

若以水势藏一露来谋求水远不尽，寄畅园人工屋宇皆尽水远之力。池东诸廊亭轩榭，基础一律架水若阁，遂能藏水于建筑之下 *(fig...307)*，建筑出挑池面以宽其东地之薄，水面伸入基底以广其东西水狭，建筑与水面，高出低入，形如伏羲女娲交尾图。

fig...307 寄畅园池东亭廊皆挑水藏水，万露摄

谐趣园环池建筑 *(fig...308)*，除与寄畅园知鱼槛类似位置的饮绿建筑架水，余外的建筑，要么退岸离水，要么以石壁基础断水，多无经营水远之功，仅余楼阁近水之便。

fig...308 谐趣园除饮绿外，
其余建筑皆以柱础断水，自摄

5

滩桥 / 气势

千利休对茶庭布石所言——六分便利，四分造景，其间便利与造景两事，可类比于西方建筑学的功能与形式，与一百年来的现代建筑的形式理论不同，在千利休的布石里，便利与造景两事，并未分离成尾随或发生的形式理论——形式追随功能（沙利文）、功能追随形式（密斯·凡·德·罗）、形式发生功能（路易·康），千利休要将二者合二为一地同时兼备，作为庭院矴步之石，既要上表平整便利足行，又要石侧景象可资赏析，这可视为便利与造景的对仗合造物。

周仪在寄畅园的七星桥观察到的桥石做法，正通此意——七星桥的桥面之石 *(fig...309)*，仅琢石条踏面，以利人行，余面皆随山石开凿时的自然品相，人工与自然，便利与造境，混成一体，其古拙不在其年代之古，而在大巧若拙之拙；相比之下，谐趣园的知鱼桥 *(fig...310)*，虽遍体雕琢，却工倍而事半，遗漏的还是相关自然品相的那一半，它虽雕琢出皇家富贵的居所气息，却无法带出山居意味。

fig...309 寄畅园七星桥桥面与其余石面差异，周仪摄

fig...310 谐趣园知鱼桥石工，自摄

fig...311 寄畅园鹤步滩石桥桥头置石，万露摄

fig...313 寄畅园鹤步滩与西山以大小高下之势互推，自摄

fig...312 京都御所，庭园石桥置石，自摄

fig...314 寄畅园鹤步滩石桥之
　　　　细如鹤颈拉伸之力，自摄

寄畅园七星桥头两端，还以凹凸山石与人工桥面混接，它们从两端吞吐平直桥面，势如吻兽与屋脊相互吞吐。池西山根连接鹤步滩的小石桥，尚余桥头置石的吞吐遗风 (fig...311)，在日本庭园置石中，多于桥首滩头立石 (fig...312)，以拟龟鹤之岛的昂首迤尾之形，苏州诸园，虽偶有桥头置石之式，绝少如寄畅园于池中理滩之样。

明人邹迪光所造愚公谷，比邻寄畅园，他在《愚公谷记》中曾记载所造「醉石滩」，其以「石大

小错置」，所理滩石之「似离披醉倒将赴河状」之动势，让人向往，愚公谷曾与寄畅园为一时瑜亮，惜其湮没不存，「醉石滩」的气势，如今，只能以寄畅园的「鹤步滩」凭想：

鹤步滩不拟鹤状，仅以细长石桥斜接西山，西山以斜出细堤衔接此桥与鹤步滩 (fig...313)，假山以高—大之气，力推鹤步滩低—小之象，中接的石桥斜堤，都似被这高低大小间的互推余力，所推而细，细如鹤颈之张 (fig...314)，推

成「将赴河状」的滩动鹤舞之势。此处滩桥的绝妙气势，几成孤例，日本以桥续接滩头之例，数量众多，桥之精美多有过于寄畅园者，滩头掇石亦多有精美者，却罕有寄畅园鹤步滩与西山对仗互推的动势，或是少了位置经营的总局控制。

谐趣园诸桥，多半平铺直叙，失媾而势无，不足与寄畅园诸桥比对，含远堂西南小石桥，虽也在四角驳接立石 (fig...315)，却四下对称，竟如四脚朝天的龟翻之难，全无桥接滩头的山林气息。谐趣园外，颐和园的十七孔桥所接南湖龟岛 (fig...316)，俯瞰优美，大致有寄畅园以鹤步滩所接石桥的放大之形，却形大而势小，以其弃西山高大之推力，而推之以东岸平亭，以亭小推岛大，其力遂乏，既失大小对仗之仰仗之力，遂失桥岛赴水之动势。

fig...315 谐趣园桥头置石，自摄

fig...316 清人绘颐和园全图中的十七孔桥与龟岛的关系
北京故宫博物馆藏

6

空间 / 离合

对偶一事，只能担保字句间的句法，刘勰在「章句篇」里，曾以尾「赞」八句，总括了对仗集句后的诗歌章法，以担保整篇文章环动不绝的动势：

「断章有检，积句不恒。理资配主，辞忌失朋。环情革调，宛转相腾。离合同异，以尽厥能。」[4]

末句中的「离合同异」四字，可对成「离同—合异」两法，离一同，是为避免阴阳搭配的对仗尴尬，按阴阳文化而言——同则不继，同性难以繁衍后代，因需离同；合异，则可避免言辞「失朋」的孤立，按阴阳文化而言——和实生物，和而不同才能繁衍万物，和不同，即为合异，这两种文法，调适着寄畅园景物对句间的总体章法：

寄畅园东岸的知鱼槛与涵碧亭，虽有高一低、敞一幽之分，却制式类同，需设隔离物以「离同」，知鱼槛基础以南柱入水，北柱却换以滩石拱出 (fig...317)，拱向西南，却被墙垣截断，蓄土植木而成山林，涵碧亭亦以南侧石山林木截墙断水，两处小山之间，断以山径，以将墙垣间的门洞与七星桥递接。这两座夹径小山，遂将制式类似的涵碧亭与知鱼槛互推而离——此为「离一同」；无论是在知鱼槛高谈阔论，还是在涵碧亭独居静思，皆不能互相见 (fig...318)，对视之处，皆为山水林木，这些用以「离同」两建筑的山林小景，同时也是两幢建筑各自「合异」的合成物——以建筑对仗山林——对而为山一居。

以离一同、合一异之法，比对寄畅园与谐趣园的池周长廊做法，也旨趣相异：

....

[4] 南朝·刘勰《文心雕龙·章句第三十四》。

fig...317 寄畅园知鱼槛落水柱石，万露摄

fig...318 寄畅园涵碧亭（左）与知鱼槛（右）以山林离同合异，自摄

寄畅园诸廊，皆一边以柱廊开敞，一边以粉壁隔断，柱廊之敞，则可合一异，粉壁之隔，则可离一同，一廊而能离一合两用。知鱼槛东南一带长廊（见 fig...317），以柱廊西敞，来「合异」西部池山，复以东壁之隔，来「离同」东侧庭院的人工类同，遂得郁盘幽闭、而山池广敞的两种氛围，它们一墙之隔而气象对仗，仅以密纹花窗互透消息。

谐趣园虽有一圈回廊可资环游，廊两侧却皆以柱廊空透 *(fig...319)*，廊遂不能隔空间狭—阔，则狭—阔含混；不能断光线明—暗，则明—暗不接；不能分两廊动—静，则动—静模糊；既无离—合两相，则难施离—同、合—异两法，虽有路径环接，却成波澜不惊的动静不流。

寄畅园涵碧亭的西北短廊的离—合 *(fig...320)*，还别有玄机——它以粉壁隔离南部池桥，以隔七星桥上人来人往之动喧，遂得壁后北庭茶室的幽境，动静两区，虽以粉壁所隔，却忽以五方窗空，洞开粉壁，敞向池桥，窗框景物虽各不同，而皆绝妙入画，壁外池桥喧闹，则一起被框入壁内幽静。

这些洞开的廊壁，是离是合？

此刻廊内的氛围，是动是静？

fig...319 谐趣园两边开敞之廊，自摄

fig...320 寄畅园东北角廊壁关系，覃池泉摄

7

居游 / 动静

刘勰以「离同—合异」两法，来媾对句辞，不只为划分特定的动静氛围，而为图谋整篇文章动静交替的环动气势：

「环情革调，宛转相腾。」

以王安石的集句——「风定花犹落，鸟鸣山更幽」——的意境为例，风定为静，花落为动—静—动为异则合，合为静中有动；鸟鸣为动，山幽为静，动静为异而媾，媾成动中有静，将两句动静繁复的意象章接，则出现动静交替的环接动势：

静——动——静中有动——动——静——动中有静——

在这个动静交替的连环之间，「静」与「静」、「动」与「动」之间的「离同」之物，分别是「静中有动」或「动中有静」，不出意外地，它们自身却都是「合异」之物，以将两句动静相反的意象衔接为环，而发动这个意境之环的相腾动力，则来自「离同—合异」的离—合之力，最终推动了意境转换的宛转环动，它兼容差异，却还能保持流变中的秩序。

寄畅园缘池两岸，虽以动—静对仗为大局，亦各得动—静混成之居游意：

东岸虽主屋宇静居，亦不乏山林行游动处。东岸亭轩，居地虽薄，犹以涵碧亭侧天井 *(fig...321)*，井借古木山林意，又以知鱼槛后郁盘窄庭 *(fig...322)*，郁木盘石，盘出些许山林行游动趣，此其「静中有动」之微妙经营；西部假山虽主动游，亦小有静居所。西南假山，返脉幽深，深函多条曲径主资动游，却忽突起一方九

fig...321 寄畅园涵碧亭背后天井栽树，覃池泉摄

fig...322 寄畅园知鱼槛东侧临路郁盘小院，王娟摄

狮台，留待静居，鸟瞰山水；西北假山山谷，虽凹以八音涧出水喧池，却于山上凸梅亭以受香于无声，亭高涧下，亭居对涧游，亭幽仗涧喧 (fig...323)，此西部假山「动中有静」之丰盈意象，其居游密度，远非一旁惠山真麓可及。

fig...323 寄畅园山间八音涧及山上梅亭，覃池泉摄

自然真山，按郭熙的说法——适宜人的居游嘉处，十无一二，中国人迷恋假山，正在其人工可集居游胜景于一处，寄畅园假山虽不甚高阔，却几乎尽为居游之所。而在谐趣园内，东部假山，本为人工造作，却不造居游之所，它藏匿在楼廊背后，甚至难得一见 (fig...324)，而西部万寿山西麓虽可直观（见 fig...299），但眼见其断于粉壁之外而不可游，二者无论真假，按唐静寅的讲法，都一律沦为难起行游之思的山形布景。

fig...324 谐趣园东部假山

郭熙以为，经营山水之可见物象，就是要以行游所望的景物，来诱居游的人事之思：

「见青烟白道而思行，见平川落照而思望，见幽人山客而思居，见崖扃泉石而思游。」[5]

寄畅园东岸，在知鱼槛静居，隔水望山，西山以鹤步滩出山入水、亦以小石桥贴山截水，滩桥各引一条山间逶迤小径，则起滩桥行游之动

....

[5] 北宋·郭熙《林泉高致》。

195

思;起而往东南,游廊跨水,迷入西南小径分叉的山间,及至出山、缘池、跨桥、涉滩之时,却有动久思静之想,鹤步滩前,尚余几枚山石,出没水中,高低正可用成桌几矴步 *fig...325*,

fig...325 寄畅园鹤步滩矴步可行坐,万露摄

小可居留,浮于石,则见刚才知鱼槛架临水面,朱阑静伫,正是息足养眼的敞居妙所;体倦而思静,欲环回知鱼槛,起而缘滩西北小桥北折,及入七星桥,已见知鱼槛于桥右翼然而近,又见桥左函碧亭于林木荫薮间韬光养晦,似有知鱼槛所不能及的幽境,遂过桥北折,过狭小天井,折入涵碧亭,静观池光波影,竟有坐穷泉壑、卧游山水之坐卧意。身静意惬间,返视来处,七星桥斜对西山处,遥见八音涧幽深洞口,则又起搜源寻水动游之思……

身体于静观与动游间,调适回环,似有山高水远的不尽之意。

8

赏析 / 古今

曹汛以断代法,将常熟燕园的黄石假山,断定为戈裕良的「燕谷」遗作,因极爱戈裕良所掇环秀山庄的大假山,曾约童明驱车前往常熟,一睹之下,却盛名难副,无论从山形墼势,还是从洞穴居游考察,皆鄙陋不堪,实难以环秀山庄假山作同一作者想,即便曹汛考据的作者准确,它也该是戈裕良的叠石败笔,造园者的价值判别,与考古专业本有不同,一者求实,一者品味。曹汛这一源自考古专业的园林断代,还是影响了诸多园论,继而将这座假山鉴赏为存世佳构。今日园论者,多已不思造园之事,遂不思造园之法,要么以大师遗构的盛名——这只是对人物的迷信,要么以年代的古今来妄断优劣——则无需关注具体园构的优劣,这两者常有今不如古的一样悲观,则以为今日要么不可再造佳园,要么只能模仿古园,而乐观的园论,又多半接近导游的说辞,在导游类的园林论著里,人们赞美谐趣园的用词,几乎能通用于对寄畅园的赏析文字,人们竟将这种赏而不析的陈词,滥调为园林赏析。

寄畅园与谐趣园的优劣高下,即便从时代先后的视角,亦可稍加辨析:

按黄晓关于寄畅园的论文考察,明末万历年间秦燿督造的寄畅园,非以园中胜景而以园主之名闻名于世,直到清初康熙年间经由掇山名家张鉽的改筑后,才以园林景胜而闻名海内,亦奠定了今日寄畅园的基本格局。明末画家宋懋晋曾绘制了寄畅园颇为写实的早年图册,黄晓依此复原了万历年间的寄畅园总图 *fig...326*,与另一幅清人绘制的清代改造后的寄畅园比较 *fig...327*,山水形势大抵仅有细微变革,改观主要集中在建筑与山水间的位置经营:

fig..326 早期寄畅园复原图，黄晓提供

fig..327 清·钱维城《弘历再题寄畅园诗意卷》局部，
改造后的寄畅园，故宫博物院藏

原本散置于山池四周的零星建筑，被归拢到东北两侧，原本以敞廊带到水中的知鱼槛，退置东岸中部，原本以三折朱栏木桥推上孤岛的涵碧亭，也移置池东北角，方成今日西山与东居隔池对仗的山—居气象；最重要的变化，是取消知鱼槛及横断水面长廊的决定，它避免了狮子林今日以折桥中分水面的位置尴尬，空出了水面可资深远的大局；最妙的一笔，是取消尽端式的三折木桥，而在池水小折处以七星桥斜贯池面，它不但为环池山水增加了一条出其不意的空间出口，还以直桥斜截水曲的精妙位置，担保了池面大小对仗的可感比对。

乾隆六下江南而七驻改建后的寄畅园，他太过喜爱，因令画工写图仿样，于北京清漪园建成惠山园 (fig...328)，即今颐和园内谐趣园前身。惠山园的当年名称，正说明它对寄畅园山林地貌的景物模仿。唐静寅详尽比对了这一形仿——寄畅园以园内高墩废墟扩为惠山余脉，惠山园则以北部七块五米巨石构为万寿山东麓余脉；寄畅园引二泉水汇入「悬淙涧」而出「飞泉」入池，惠山园亦以「清琴狭」造飞泉，接引万寿山后河之水注入园池。从当年惠山园的复原图看，它虽摹到寄畅园些许山居对仗的意象，但池形中折、以「载时堂」对着一组建筑背后的西山——这两组山水对仗的经营硬伤，此时已然决定，而到嘉庆年间命名为谐趣园的近代改造，环廊池周，断山于垣，格局则尽坏难图。

以两园改造的各自结局而言，寄畅园古不如今，谐趣园则今不如古，这一结局，或许既让以断代为价值者尴尬，也让以古意论园者难堪，造园优劣，本无关古今新老，仅关乎对造园旨意与章法的把握，若不知造园与诗歌共享之法，则以为园林的诗意，竟能由模拟诗歌诗意所出，这是以诗歌谋害园林诗意的常用凶器；若不知造园与绘画共享身体栖居的山居画意，则以为园林的画意，竟能以绘画的皴法或构图来类比而得，这也是以绘画来阉割园林画意的常用利器。

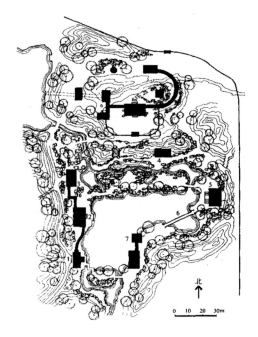

fig...328 清早期惠山园平面图，周维权复原

山居玖式*

Nine Strategies for Mountain Dwelling

*首次发表于《新美术》2013年第08期，77—87页。

从北宋到清末，山水图景中集萃行望居游密度的起居意向旨趣，为明清咫尺山林提供了意象压缩的具体模式。从阴阳媾和的理式视角，理解山居意象的阴阳媾和方式，并可还原出九种山居样式：壁山式、山石池式、山石盆式、石藤架式、山石铺式、山梯式、山踏式、山台式、洞房式。

From Northern Song Dynasty to the end of Qing Dynasty, Shan-shui painting had epitomized the living imagery of "moving, looking, residing, playing" in gardens, providing specific modes for the ideal compression in the creation of "compressed mountain forest" in Ming and Qing dynasties. Understanding the pattern of how yin and yang harmonized in mountain living from the yin-yang perspective, we can resume nine styles of mountain dwelling: Wall-mountain style, Mountain-stone-pond style, mountain-stone-basin style, stone arbor style, mountain-stone paving style, mountain ladder style, mountain pedal style, mountain platform style, and cave chamber style.

1

山居图式

01

五代周文矩的《文苑图》，其山林意象 *(fig...329)*，以四石一树所图示，其山居意象，则被树石与人体的起居关系所彰显：

fig...329 五代 · 周文矩《文苑图》

折弯的孤松，被笼袖文士依凭如阑；胸高主石，被执笔者立据为案；腰高宾石，被鞠身童子研墨成台；膝高阔石，被展卷文士并坐成榻。

以松石象征的山林图景，一旦被身体压入家具的起居意象，它们就压合出山居的双重景象：

起居于山林之间。

这幅以身体勾出的山居图景，预言了中国山水两条并行不悖的方向：

山居的起居性，被北宋郭熙制定为后世山水绘画的人居标准；而其双重意象的压合方式，则为明清咫尺山林提供了意象压缩的具体模式。

02

将《文苑图》鉴定为韩滉作品的宋徽宗，在他名下，也有一张类似场景的《听琴图》*(fig...330)*，

也是四人四石一松，松树却不再与身体发生关系，其中三块山石，皆用蒲垫铺设，它们以身体一律的单调坐姿，换来了山居难以两兼的身体舒适，徽宗身前的琴台与花儿，干脆换成正常的家居器物。除此之外，孤松不孤，它被一株藤萝缠绕，且多了一丛可人细竹，而近景那枚瘦皱之石，上面也摆上一盆雅致盆景。

比之于《文苑图》的高古简练，《听琴图》多了份生活的雍容惬意。这两幅图景，虽是一样的背景留白，但《文苑图》的山居意象，似乎身处自然山林之间，而《听琴图》的身体舒适，则更像是被带入城市生活的人造山林。它们都不再追求竹林七贤以土木形骸对山水意象的纯然匹配，仅以日常起居的身体惬意，预告并调适着唐宋山水的居游气质。

fig...330 宋 · 赵佶《听琴图》

郭熙以「不下堂筵，坐穷泉壑」的北宋坐姿，接力
了宗炳「卧游山水」的南朝卧姿，并以山水起居
的多种身体姿态，为中国山水制定了四种可人
标准——可行、可望、可居、可游，且将山水可居
可游的起居品质，鉴定为高于可行可望的旅游
品质，他建议后世山水画家与鉴赏家，都当以此
居游标准，以从自然山水中萃取密集的山居意
象，他绕开了西方风景造型写生的定点命数，并
将山居意象间的位置经营视为山水理论的核心。

从两宋到明清的山水绘画，大抵都在郭熙的居
游标准内演变：

郭熙本人的山水立轴，不再有范宽《溪山行旅
图》里的崇高意象，也不再表现山水间的身体
苦旅，他将城市般的楼阁，隐约于山水之间
(fig...331)，以标识其可居可游的山居品质；比之
于顾恺之将《洛神赋》的全景山水作为神话叙
述的背景 (fig...332)，赵伯驹的《江山秋色图》里
的全景山水 (fig...333)，则刻意于在山水中经营
各类山居建筑；比之于马远、夏圭截边裁角里
据说的政治寄托，文徵明与唐伯虎裁天截地的
山水长卷 (fig...334)，则旨在拉近视焦，以亲历
其间山居生活的起居细节。

就山居意象的压缩密度而言，从北宋李公麟的
《山庄图》长卷 (fig...335)，到清末戴熙的《忆松
图》(fig...336)，其间近八百年的时间跨度，虽有
笔墨造型的巨大差异，但于图景中集萃行望居
游密度的意向旨趣，却相当一致。

04

针对唐人白居易倡导的中隐城市，宋人杨万
里提出山居的两难命题——「城市山林难两
兼」，米芾则以「城市山林」的匾额，直接将这
两难境况，书写为山居两兼的乐观，从今往

后，城市山林，作为兼得城市起居与山林自然
的特殊名称，成为后世中国城市造园的意象
谋略，它要将山林的自然意象，压入城市的起
居生活。

fig...331 宋 · 郭熙《关山春雪图》

fig...332 晋 · 顾恺之《洛神赋》

fig.·333 （传）宋·赵伯驹《江山秋色图》

fig.·334 明·文徵明《兰亭序》

203

fig··335 宋·李公麟《山庄图》

fig··336 清·戴熙《忆松图》

fig··337-a 明·文徵明《东园图》

元代诗人谭惟则,就曾在狮子林里表述过两兼城市与山林的山居感受:

「人道我居城市里,我疑身在万山中。」

05

城市山林,从唐宋到明清用地规模的急剧压缩,并不亚于明清宅园与当代别墅景观的压缩程度。计成生活的明代,白居易「拳石当山」的建议,似成咫尺山林的权宜定势,文徵明与仇英,都曾在园林画卷中绘制过类似拳山 (fig...337),图中特置的太湖石,与《文苑图》一样被染成深色,却不再与身体发生起居关系,它们被特置于池水或竹木间,以拟山林之山的背景图像。这类如画的特置石背景,却引起计成的造园批评:

「环润皆佳山水,润之好事者,取石巧者置竹木间为假山。……

予曰:『世所闻有真斯有假,胡不假真山形,而假迎勾芒者之拳磊乎?』
或曰『君能之乎?』遂偶为成『壁』,睹观者俱称:『俨然佳山也』。」

基于做假成真的真山林意欲,计成摒弃了模型般的拳山背景,而建议一种壁山样式,在「掇山篇」里,他对园山、厅山、书房山的建议,都有壁山,并随后专门将「峭壁山」列为单独一类,以虎丘的自然壁山为例 (fig...338),可供人工壁山的比类意想。

06

「聚石叠围墙,居山可拟。」

计成在《园冶》里的这两句话,颇有《文苑图》的意象压合味道——将山居意象,压入围墙,且以山意聚石,可拟山居。与计成同时的李渔,在《闲情偶寄》里,曾将这类壁山,视为咫尺隙地间的山林谋略:

「山之为地,非宽不可;壁则挺然直上,有如劲竹孤桐。斋头但有隙地,皆可围之。」

李渔还详细地描述了壁山做法:

「壁则无它奇巧,其势有若累墙,但稍稍迂回出入之。其体嶙峋,仰观如削,便与穷崖绝壑无异。」

在《浮生六记》里,百年之后的沈复,将这种兼备壁、山两种意象的样式,归入「小中见大」的标题之下,成为咫尺山林的第一种样式:

「小中见大者:窄院之墙,宜凹凸其形,饰以绿色,引以藤蔓,嵌大石,凿字作碑记形。推窗如临石壁,便觉峻峭无穷。」

fig. 338 虎丘劍池，万露摄

206

2

山居理式

01

李渔引入中国艺术最常见的「势」字，来讨论这一壁山样式的式理：

「且山之与壁，其势相因，又可并行不悖者，凡累石之家，正面为山，背面皆可作壁。」

山之峭壁与墙之垣壁，皆具陡峭之势，「壁山」一词，压合了起居之墙与山林之壁的两种意理，它不但能解决在膝地间经营山居意象的密度问题，还从原理上澄清了其应用广泛的理式：墙壁的人工与峭壁的自然，以阴阳向背而呈现，它们就进入中国文化「阴阳」媾和的生成理式，它被老子视为通行天下的「天下式」，并被置于老子的「天下溪」之下：

「知其雌，守其雄，为天下溪。」

「知其白，守其黑，为天下式。」

02

这一得自雌雄媾和的阴阳理式，正是中国文化的观念核心，它以「阴阳莫测谓之神」，为中国确立了万物流变的世界观，又以「阴阳交合谓之生」，为中国文化确立了万物生成的生成理式。它能统帅劭弘从「气韵」视角，梳理出的中国山水画论相关「位置经营」的诸多核心观念：

「宾主（元汤屋）、疏密（元倪瓒）、呼应（明沈颢）、藏露（明唐志契）、繁简（明沈周）、开合（清王原祁）、虚实（清笪重光）、纵横（清笪重光）、动静（清戴熙）、参差（清郑燮）、奇正（清龚贤）……」

这类皆属「阴阳」媾和的复合观念，见证了中国山水的关系而非造型属性，它使得任何从单一造型来讨论中国山水或城市山林都将失效。以山水为例，它是山静水动、山阴水阳、山仁水智等多种阴阳意象的媾和理式；在这一理式之下，「城市山林」的两兼名称，就是要以人工城市与自然山林的媾和关系，来兼顾山居生活的心性自然与城市生活的身体舒适；而以此为训，郭熙提出的行望与居游，亦可视为山居四种动静媾和的身体姿态，任何将中国园林描述为静观或动游，封闭或开放的单项特征，总是言不及义的造型描述。

03

以这种阴阳媾和的理式视角，不但能从计成对所掇之山的命名——楼山、厅山、书房山里，窥见山与居的双重属性，也能理解苏州园林「小山丛桂轩」「远香堂」这类命名里两兼山居的类似诗意，两者虽因造园者与赏园者的身份不同，名称有从「建筑＋景」到「景＋建筑」的视角转变，但其山居意象的阴阳媾和方式，却并无二致。

以老子这一负阴抱阳的媾和理式，不但能媾和园林借景的窗景——窗＋景，或景窗——景＋窗，它们也能媾和出负壁抱山的「壁山」样式——执其（人工之）壁（象），守其（自然之）山（意）。与壁山这类媾和了壁与山双重意象的图式类似，《文苑图》出示的以松为阃、以石为几为案的身体道具，亦可以松阃、石几等复合名称为名，它们都是自然山林与人工起居所媾和的山居产物。

04

这一阴阳媾和的生成理式，当初如果生成了江南园林繁多的山居意象，如今就可能反向地从其繁复的山居意象中，还原出不多的几类山居

式样，它或许就能回答清华大学王丽芳教授提出的问题——江南园林间意象的高度相似性，或许正由少量可复制的模式所生成，一旦能厘清这类模式，将使大批量建造园林，从数量与质量上都能得到担保——而能否批量生产，曾被视为是现代建筑的技术产物。

另外，阴阳媾和的生成理式，目的虽非为压合意象而设置，但其阴阳单元先天内涵的双重属性，还是为如何在咫尺用地里压入繁多的山林意象，提供了意象压缩的具体模式，这类模式能将当代建筑密度讨论的技术化倾向拯救出来，并将中国园林的山居诗意重新植入当代城市。

基于山居标题的意象限制——我不准备讨论这一模式在园林建筑内的空间拓展，尽管计成曾以廊房模式提示过居间于廊与房之间的建筑压缩模式，我也不准备讨论压合了栏杆与坐凳的美人靠这类小木作模式。

3
山居样式

01

山石池式

对山水意象的追求，计成批评明人以方形石槽接水的水口做法，而提倡以山石承水的瀑布方式。也是对山水意象的自然追求，计成在「掇山篇」里，安置了一个古怪名目——「金鱼缸」：

「如理山石池法，用糙缸一只，或两只，并排作底。或埋、半埋，将山石周围理其上，仍以油灰抿固缸口。如法养鱼，胜缸中小山。」

在「山石池」与「缸中山」这两种意象之间，计成放弃了在缸中置石的盆景陈设，而建议能兼顾山与池两种意象的山水容器——山石池式。

就明末清初的江南园林实践而言，明代造园文献里时常出现的方池，更多地被湖石或黄石镶边的池涧所取代。以网师园的总图为例，无论是用以望月的主景池面，还是殿春簃小院一角的冷泉小池 *(fig...339)*，它们都可视为山石池式的变异与放大，它们勾勒了城市山林的理水意象，并塑造了江南园林的半壁江山。

02

山石盆式

关于掇山，计成与李渔都曾建议——城市山林的掇山，最好能土石两兼，以石能掇山形，而土能生林木，以石包土的盆景方式，就能生出山与林两种意象。这一命名，曾得到王欣的启示——他将它们称之为太湖盆。

208

在环秀山庄的一个无名庭院里 *(fig...340)*，巨大
的湖石之盆，几乎占据了中庭大半，而那两株
参天古木，确实为计成「倘有乔木数株，仅就
中庭一二」之中庭，增添了些许山林气息。

从这一山石盆式的视角，苏州园林的大大小
小的假山，无论是湖石还是黄石，无论是墙隅
山石小景，还是园林的横池主山，大都可被这
一山石盆式所囊括。依旧以网师园总图为例
(fig...339)——小到殿春簃北部狭院内的半高湖
石盆景，大到小山丛桂轩前后的黄石或湖石
假山，皆可归为山石盆式，它们勾勒出城市山

209

fig...341 曾仁臻摄·留园古木交柯砖—花盆

fig...342 留园花步小筑山石—盆，曾仁臻摄

林的掇山意象，也塑造出江南园林的另一半江山。

而狮子林假山之失，正在其纯然的石山少土，它秃山少林的意象，遂被沈复讥讽为——「乱堆煤渣，而全无山林气息」。相比之下，留园玄关尽端的两处庭园小景，则显示出渐进的山林意味——「古木交柯」的林木小景 (fig...341)，所植的青砖套边花盆，一如家居庭院所常用，它开始有些山林的林木意味，而一旁的「花步小筑」(fig...342)，因以湖石石笋为盆，它就兼顾

了山与林两种诗意，与「古木交柯」的山林小景相比，「花步小筑」则更接近庭园景致，两者间微妙的氛围差异，很像是《听琴图》与《文苑图》间的意象差异。

03

石藤架式

从明人绘制的园林图景看 (fig...343)，编篱为屏的做法已很流行，计成对此也表示了不满：

fig...343 明·钱穀《求志园图》

fig...344 退思园湖石—藤架，唐勇摄

fig...345 留园石—藤架，臧峰摄

「芍药宜栏，蔷薇未架；不妨凭石，最厌编屏；束久重修，安垂不朽？片山多致，寸石生情。」

与自明性的编织藤屏相比，寸石与藤的互凭，正可生出片山与藤林的两种情致。

退思园水香榭之南，一株枝繁叶茂的迎春，以矗立湖中的一块湖石为凭 (fig...344)，兜头盖顶地阴翳着湖石周围的整个水面，并媾和了石山与藤林这两种山林意象。

另以留园「洞天一碧」洞口背后的湖石藤架为例——青藤的藤干绕入湖石涡旋 (fig...345)，盘旋而上，并以湖石之顶铺枝张叶，它们与湖石一体，弥漫在整个窗空之间，按计成的建议——藤萝于壁山之上，其林木阴翳遂能造成山林深境。很难想象将其置换为编篱的屏风，还会带来这种山林情致，它曾成为我为红砖美术馆后花园选石的标准之一 (fig...346)。

fig...346 红砖美术馆后庭石—藤架，悦洁摄

而就湖石涡旋与藤蔓穿穴引枝的意象而言，臧峰在「倒影楼」墙廊间发现的穿墙绕窗的藤蔓 *(fig...347, fig...348)*，其返花回叶之势，亦有异曲同工之妙。

fig...347 拙政园缠窗绕墙藤（一），臧峰摄

fig...348 拙政园缠窗绕墙藤（二），臧峰摄

04

山石铺式

相比于卵石易俗的铺地谨慎，计成建议一种山石铺式，以与石山石池一致：

「园林砌路，堆小乱石砌如榴子者，坚固而雅致，曲折高卑，从山摄壑，惟斯如一。」

计成将这类乱石路，置于四种行游铺地式样之首，以艺圃山壑间的铺地考察 *(fig...349)*，其小如榴子的铺陈，不但能应变各种山势变化，也铺陈了山林之山的山意底图。

计成虽在多处声讨过对物形模仿的形式，也讥讽过用卵石模仿动植物的铺地做法，但却钟情于青石碎砖铺设的冰裂纹，以及用碎瓦片铺设的瓦波浪：

「废瓦片也有行时，当湖石削铺，波纹汹涌；破方砖可留大用，绕梅花磨斗，冰裂纷纭。」

这里不仅有对废物利用的资源用意，它更看重瓦波浪与湖石媾和的波纹汹涌的山水意象，而对于冰裂纹的痴迷，则不仅以冰裂与山水的隐秘意象发生关联，它还触发了文人山水的高致情怀，这类情怀，从一开始就隐约于《文苑图》与《听琴图》的场景氛围里。

在扬州何园，瓦波浪铺地，试图为旱舫铺陈出波涛汹涌的意象 *(fig...350)*，惜乎其除旧换新，不复当年苔痕染波的碧波印象，可以我早些年设计的滕语亭内瓦波浪铺地 *(fig...351)*，凭想当年。

fig...351 南宁滕语亭内瓦波浪铺地，自摄

fig...349 艺圃山石—铺地，邢迪摄

fig...350 扬州个园旱舫瓦波浪铺地，自摄

05

山梯式

山水的攀游意象，在明清绘画中，多半以藏露于山间的之折路径暗示，当它们被带入城市山林的咫尺造园时，多半以山梯模式出现。在拙政园宜两亭的东南，一部占地不足消防梯大小的山梯 *(fig...352)*，其空间与山意的密度皆可惊人——它不但能在山台之上容纳王欣、王澍、童明魁梧的身体倚坐，还能容纳家人在梯洞间愉悦穿行，它不但聚集了山梯与洞壑等多重意象，还外挂了两条可望而不可互穿的之折山梯。

这类意象密集的山梯，是苏州园林出现最为频繁的标准样式，且因不同位置，每每相异，各得不同的山林意象——退思园的两处山梯，在池南梯接一处空廊，在池北梯接一座山亭；留园「明瑟楼」之南的「一梯云」*(fig...353)*，正是计成建议的以阁山为梯的山梯，而五峰仙馆可行可望的南部山峦，实则也是攀入西楼的可游山梯。最入画意的园林山梯，则在环秀山庄大假山山西，在它所媾和的山洞梯台诸象之间，还能框入一匹瀑布

飞流 *(fig...354)*；而最华美的变形山梯，当属拙政园见山楼西侧的爬山廊，这一密集了廊与坡道的爬山廊 *(fig...355)*，攀爬于山水之间，它将人们带入山水，带上见山楼的歇山屋顶的歇山处歇息 *(fig...356)*，它的山水起居诗意，将柯布西耶为萨伏伊别墅设计的那条自明坡道，比拟成意象简陋的技术产品。

山踏式

将楼梯与山的密度压合方式，在计成的《园冶》里，曾被提及两次，一次在「掇山篇」的「阁山」一栏：

「阁皆四敞也，宜於山侧，坦而可上，便以登眺，何必梯之。」

另一次则在「装折篇」：

「绝处犹开，低方忽上，楼梯仅乎室侧，台级藉矣山阿。」

在这段文字结尾处，山不但能与楼梯媾和为山梯，还能以台级藉山的方式，媾和出一两级踏步的山踏 *(fig...357)*，当它在文震亨的《长物志》里，被命名为「涩浪」时，它还兼顾了太湖石的湖水意象与踏步所需涩足的别样意象。

环秀山庄将这一山踏，跨于涧上 *(fig...358)*，上石挑出，而下石曲迎，两相虚接，势危而行不险；将这类山踏沉浮水中，则为汀步，汀者，水中小洲也；它们在扬州小盘谷的石池中 *(fig...359)*，点石引渡，岸二水三，连洞接壑，伫水如州。

07

山台式

媾和了可望之山与可居之台的山台，不但以亭榭的出台频率，频频出现在计成的《园冶》里，也经常出现在沈周与文徵明的山水长卷里。回溯这类山台意象的绘画源出，它最早出现在五代董源与巨然的山间，但似无太多人居意欲，在南宋李唐的《清溪渔隐图》里 *(fig...360)*，

fig...357 留园山踏，王娟摄

fig...358 环秀山庄涧上山踏，自摄

fig...359 扬州小盘谷汀步，自摄

fig...360 宋·李唐《清溪渔隐图》

fig...361 元·黄公望《快雪时晴图》局部

fig...362 明·文徵明《拙政园三十一景图·意远台》

巨大的山台，与草堂隔溪相望，且以溪桥相连，它就很有些山台余脉的堂前起居意味；到了元人黄公望的《快雪时晴图》(fig...361)，这类山台已成主景——中部低处的山台，作为山堂的建筑基底，而右之折而上的突兀山台，则成为整幅画面的核心意象，它既可能是堂内观雪的主要山景，亦可为晴雪之后可达的瞰雪前台。

文徵明为拙政园绘制的景点「意远台」(fig...362)，将这一山台意象再度裁剪，突兀的巨大山台，如巨龟渡海般引人瞩目，它截山入水，载人远眺。在今日的拙政园里，已难寻这一雄伟山台的踪迹——拙政园旧有入口前屏山之上的一方山台 (fig...363)，仅残有它的些许余味，而文徵明后裔的苏州艺圃，南山之上当年被誉为冠绝吴中的朝爽台，如今已被一方小亭所拥塞失意，较为神似的山台，如今只能在环秀山庄堆叠的大假山巅寻求 (fig...364)，这处山台，为这方密集了山峦天堑、洞穴沟壑的人为假山，增添了另一种可居可游的山台密度。

fig...363 拙政园山台，臧峰摄

fig...364 环秀山庄山台，万露摄

08

洞房式

计成在谈及假山理洞时，工法形同造房，不但起脚如造屋，且洞中还有立柱，他还建议以条石加顶，仅以玲珑之石摹形门窗，以透漏出些许洞房的山居意味。

这一以石条覆顶的山洞做法，遭遇清代叠山大师戈裕良的批评，后者建议以造桥的拱券办法，营造出如真山洞壑般的洞房。从戈裕良在环秀山庄所理石洞来看 (fig...365)，其形确如真山洞壑，其封闭的山壁洞顶，虽有十足的洞穴之意，却少了些山居的起居惬意，相比之下，传说中由戈裕良在小盘谷所理的洞房 (fig...366)，却依据着计成以石条封顶的建议，它既有自然山洞的山居形势，亦不乏房屋玲珑借景的起居舒适，洞内的石条几案，颇有《文苑图》的山居意象，而在其石条封顶之上，还兼顾了计成建议石条为顶的别意深图：

fig...365 环秀山庄洞一房，万露摄

「上或堆土植树，或作台，或置亭屋。」

这处山洞的石顶 (fig...367)，不但兼得一处俯瞰深池的铺设冰裂的山台，还梯接了山梯尽端处一方栖息的山亭。在这片咫尺隙地里，不但经营了可行游的山阶、汀步，还经营了可居望的山水、洞房，矗立在水岸边的错落群峰，如今还成为依凭藤萝的石架，它们架设出一派山意密集的起居意象，它们将那些借口今日景观用地狭小而难以引入山林意象的宏大景观师，讥讽得无处逃遁。

fig...366 扬州小盘谷山房，自摄

fig..367 扬州小盘谷山洞台亭藤，自摄

09

以上八式，加上壁山式，是为山居九式。

它未必完全，譬如《文苑图》里与身体更为密切的山石几，亦可归于此类。此九式，虽大致以望、行、游、居的隐匿线索张罗——可将峭壁山类视为望式、将山石铺类视为行式、将山梯类视为游式、将山房类视为居式，而这样的分类也未必准确，譬如山石铺作为中国园林独特的铺地，它不但为西式园林所无，且与日式园林也有差异——与日本各式铺地多半仅仅提供行游的规定不同，中国山石铺地，常常因所要铺地的狭阔差异，自身就涵盖了动态的行游与居望的静观两种山居空间。

其余诸式，大抵如此，只为厘清，而非分类。

图书在版编目（CIP）数据

玖章造园 / 董豫赣著 . -- 上海：同济大学出版社，
2016.12（2022.8重印）
ISBN 978-7-5608-6703-8
Ⅰ. ①玖… Ⅱ. ①董… Ⅲ. ①造园学－研究 Ⅳ .
① TU986

中国版本图书馆 CIP 数据核字 (2016) 第321945号

玖章造园

董豫赣　著

出版人：华春荣
责任编辑：秦蕾　李 争
责任校对：徐春莲
翻 译：隋心（摘要）
装帧设计：typo_d
版 次：2016年12月第1版
印 次：2022年8月第4次印刷
印 刷：上海安枫印务有限公司
开 本：787mm×1092mm 1/16
印 张：14
字 数：280 000
ISBN　978-7-5608-6703-8
定 价：70.00元
出版发行：同济大学出版社
地 址：上海市四平路1239号
邮政编码：200092
网 址：http://www.tongjipress.com.cn
经 销：全国各地新华书店

Nine Chapters on Gardening

by: DONG Yugan

ISBN 978-7-5608-6703-8

Initiated by: QIN Lei / Studio Archipelago

Produced by: HUA Chunrong (publisher), LI
Zheng (editing), SUI Xin (translation of summary)

XU Chunlian (proofreading),

typo_d (graphic design)

Published in December 2016, by Tongji University
Press, 1239, Siping Road, Shanghai,
China, 200092.

www.tongjipress.com.cn

光 明 城

LUMINOCITY

"光明城"是同济大学出版社城市、建筑、设计专业出版品牌,由群岛工作室负责策划及出版,致力以更新的出版理念、更敏锐的视角、更积极的态度,回应今天中国城市、建筑与设计领域的问题。